中南财经政法大学出版基金资助出版

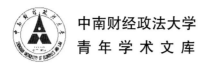

中南财经政法大学
青年学术文库

湖北省自然灾害风险防范与化解机制研究

陈宁　著

武汉大学出版社

图书在版编目(CIP)数据

湖北省自然灾害风险防范与化解机制研究/陈宁著.—武汉：武汉大学出版社,2022.11
中南财经政法大学青年学术文库
ISBN 978-7-307-23241-9

Ⅰ.湖… Ⅱ.陈… Ⅲ.自然灾害—灾害防治—研究—湖北
Ⅳ.X432.63

中国版本图书馆 CIP 数据核字(2022)第 139584 号

责任编辑:宋丽娜　　　责任校对:鄢春梅　　　版式设计:马　佳

出版发行:**武汉大学出版社**　　(430072　武昌　珞珈山)
　　　　　(电子邮箱:cbs22@whu.edu.cn　网址:www.wdp.com.cn)
印刷:湖北金海印务有限公司
开本:720×1000　　1/16　　印张:13.75　　字数:204 千字　　插页:2
版次:2022 年 11 月第 1 版　　　2022 年 11 月第 1 次印刷
ISBN 978-7-307-23241-9　　　定价:58.00 元

目　　录

第一章 绪 论

第一节 研究概述

一、研究背景

党的十八大以来，习近平总书记曾多次提及"抵御重大风险""提高我国自然灾害防治能力"课题的重要性和紧迫性，强调"同自然灾害抗争是人类生存发展的永恒课题"。党的十九大报告强调，要坚决打好防范化解重大风险的攻坚战。2018 年，习近平总书记在中央财经委员会第三次会议上从国家安全观的视角强调了自然灾害风险防范与化解的重要性，强调"要建立高效科学的自然灾害防治体系，提高全社会自然灾害防治能力，为保护人民群众生命财产安全和国家安全提供有力保障"①。2019年 1 月，习近平总书记在省部级主要领导干部研讨班上强调，坚持底线思维，增强忧患意识，提高防控能力，着力防范化解重大风险。2020 年8 月，习近平总书记在安徽省考察调研时强调，抗御自然灾害要达到现代化水平。

习近平总书记的系列讲话提出了新时代自然灾害风险防范与化解的新

---

① 习近平主持召开中央财经委员会第三次会议强调大力提高我国自然灾害防治能力全面启动川藏铁路规划建设[J]. 人民周刊，2018(10)：7-7.

理念、新要求、新框架，站在"两个一百年"的战略高度阐明了防灾减灾救灾的指导思想、基本原则。

为认真贯彻落实习近平总书记关于自然灾害风险防范的重要讲话精神，提高我国自然灾害风险防范与化解能力，党中央、国务院定于2020—2022年开展第一次全国自然灾害综合风险普查工作。在国务院统一部署下，湖北省积极开展第一次全国自然灾害综合风险普查工作，成立了领导小组办公室，印发了成员单位任务分工和2021年度工作要点等通知。截至2021年7月14日，湖北省自然灾害综合风险普查工作试点调查任务基本完成，获取了水旱、地震、地质、气象、森林火灾五大灾种致灾因子、承载体重点隐患、历史灾害、综合减灾能力等110余万条(截至2021年7月10日，共计1100634条)翔实的空间位置和灾害属性信息数据，取得了第一批成果，形成了一些经验，这也标志着湖北省第一次全国自然灾害综合风险普查全面启动。

湖北省位于华中腹地、九省通衢，是长江经济带重要组成部分。区域内地势东西北三面环山，跨越秦巴山地、武陵山区、大别山区、幕阜山区和三峡水库等生态环境脆弱区；地貌类型多样，山地、丘陵、岗地和平原兼备且河流湖泊众多，素有"千湖之省"之称。湖北省位于典型的季风区内，属亚热带-温带气候过渡区。由于大气降雨较多、自然地理复杂、人口空间分布差异、区域经济发展不均衡、承载体脆弱等综合因素耦合作用，湖北省自然灾害具有"种类多、分布广、频率高、持续时间长、且灾情严重"等特点，也是我国灾害频繁而严重的少数几个省区之一①。2006—2019年，湖北省各类自然灾害共造成975人死亡，直接经济损失2502亿元，主要灾害形式有洪涝、干旱、滑坡、崩塌、泥石流、地面塌陷、森林火灾、农林病虫害、低温冰冻、地震灾害等(见表1.1)。

---

① 刘成武，等. 论人地关系对湖北省自然灾害的影响[J]. 水土保持研究，2004 (1)：179.

表 1.1   **2005—2019 年湖北省自然灾害类型及受灾面积**

时间	旱灾		洪涝、山体滑坡、泥石流和台风		风雹		低温冰冻和雪灾	
	受灾面积（千公顷）	占比（%）	受灾面积（千公顷）	占比（%）	受灾面积（千公顷）	占比（%）	受灾面积（千公顷）	占比（%）
2005	771.00	31.63	900.40	36.94	137.20	5.63	628.90	25.8
2006	1089.10	50.43	277.70	12.86	246.00	11.39	546.70	25.32
2007	830.60	29.83	1348.00	48.41	100.80	3.62	505.20	18.14
2008	20.00	0.5	1179.90	29.29	337.90	8.39	2490.00	61.82
2009	591.90	32.4	832.40	45.56	164.80	9.02	238.00	13.03
2010	204.40	8.29	1998.90	81.07	33.30	1.35	228.90	9.28
2011	1205.40	46.72	891.10	34.54	160.50	6.22	323.00	12.52
2012	939.20	54.65	667.20	38.32	38.20	2.22	74.10	4.31
2013	1861.90	74.84	455.70	18.32	70.00	2.81	100.30	4.03
2014	633.50	59.83	293.60	27.73	48.80	4.61	82.90	7.83
2015	117.70	10.55	873.70	78.32	50.50	4.53	73.70	6.61
2016	341.90	12.47	1870.20	68.23	36.90	1.35	492.20	17.96
2017	626.70	43.61	692.70	48.2	41.00	2.85	76.70	5.34
2018	515.10	47.87	147.10	13.67	19.20	1.78	394.70	36.68
2019	1153.40	80.67	219.00	15.32	45.80	3.2	11.60	0.81

数据来源：《中国统计年鉴》。

随着全球气候变暖和工业化、城镇化进程加快，生态环境恶化，各类自然灾害频发，严重影响社会经济发展，破坏了人类正常生活秩序，处理不当还可能形成重大社会事件甚至危及国家安全。2020 年第七次全国人口普查数据显示，湖北省现有常住人口 5775.26 万人，其中城镇人口3632.04 万人，乡村人口 2143.22 万人，与 2010 年相比城镇人口增加了787.53 万人，农村人口减少了 736.05 万人，城镇化率提高了 13.19%。在城镇，土地利用方式不断改变，高温热浪事件、城市内涝等灾害明显增多。在农村，土地的不合理开发利用使得农村对灾害的脆弱性加强，为防治自然灾害，避免"因灾致贫、因灾返贫"等现象产生，政府每年需要投入大量的人力、物力和经费用于防灾减灾救灾，增加了社会经济成本投入的同时也加重了地区发展困境。由于自然灾害具有广泛性、不确定性、危害严重等特点，加之致灾因子、孕灾环境和承载体等灾害要素不断变化，灾害灾情更加复杂、严重，风险防范的难度也大为增加。

2017年，湖北省发布了《中共湖北省委 湖北省人民政府关于加快推进防灾减灾救灾体制机制改革的实施意见》，对湖北省防灾减灾救灾工作做出了全面部署。当前，湖北省减灾委员会正积极推进《湖北省综合防灾减灾"十四五"规划》编制，针对"十三五"期间防灾减灾救灾的现状、面临的形势和任务，结合习近平新时代防灾减灾救灾重要思想，提出自然灾害防灾减灾救灾的基本原则、发展目标、重大工程和保障措施等总体策略。

可见，防范化解重大自然灾害风险是一个从理论和实践上亟需解决的重大课题。通过开展风险防范与化解机制研究，增强防灾减灾救灾能力，对于实现社会经济高质量绿色发展意义重大。

二、研究意义

本书在自然灾害风险管理理论、应急管理理论、脆弱性理论、公共治理理论等理论基础上，基于历史灾害统计数据和调研资料，分析湖北省自然灾害特征和影响因素，以湖北省103个县市（区）为样本，采取定量与定性相结合的分析方法，对湖北省自然灾害区域脆弱性进行风险评估，根据脆弱性结果并结合湖北省自然灾害风险防范的现状、问题及国内外防灾减灾经验，采用"风险管理+应急管理"的模式，构建自然灾害风险防范与化解机制，提出加强湖北省自然灾害风险防范与化解体制机制建设的总体思路与实现路径。

本书构建的从自然灾害区域脆弱性评估到风险防范与化解的理论框架，有利于人们提高对自然灾害脆弱性的认识，提高防灾减灾救灾意识，增强自然灾害风险防范与化解的能力。

有利于科学准确地掌握湖北省自然灾害发展演变的规律。基于年鉴、民政部、科技部等相关数据库，对湖北省自然灾害种类、经济损失、受灾面积、受灾人口、死亡人口、防灾减灾投入、灾后重建救助等数据进行分析整理，摸清历史灾情的家底，直观展示自然灾害的现状和趋势，为自然灾害区域脆弱性评价和完善风险防范与化解机制政策建议提供基础。

有利于提高政府风险管理与应急管理能力，实现防灾减灾救灾工作"关口前移"。当前，我国自然灾害防灾减灾救灾"重救灾、轻减灾"的思想还比较普遍，传统应急管理关注从应急准备到应急响应再到在灾后恢复重建的过程。本书在新时代防灾减灾救灾"坚持底线思维防范化解重大风险"的思想指导下，将风险管理纳入应急管理，能很好地实现"坚持以防为主，防抗救相结合；坚持常态减灾和非常态救灾相统一"的要求。在灾前、灾后、灾中分别融入灾害风险管理与应急管理的思想，进一步可分为"风险防范—应急准备—风险控制与应急响应—风险调整与恢复重建"等部分，前部分主要体现注重灾前预防、减轻灾害风险和综合减灾，后部分主要体现应急救援和灾后重建。

有利于完善湖北省自然灾害风险防范与化解的管理体制机制，提高政府决策水平，切实提高防灾减灾水平，保障人民生命财产安全。当前湖北省自然灾害风险管理存在部门协同不到位、应急保障制度不健全、常态化减灾工作亟待加强、民众对灾害防范意识薄弱、防灾减灾救灾设施投入不足、应急预案实效性不强、预警监测不到位等问题，本书在习近平总书记"坚持底线思维，着力防范化解重大风险"的新定位新理念新要求思想指导下，探索湖北省自然灾害风险防范与化解的总体思路和目标，从国家安全观的视角认识防灾减灾救灾，注重从灾后救助向灾前预防转变、从应对单一灾种向综合减灾转变、从减少灾害损失向减轻灾害风险转变，提出基于"风险管理+应急管理"模式的风险防范与化解机制，加强灾害风险评估、完善"一案三制"体系，统筹协调科技资源和力量，加强应急保障能力建设，构建多方参与的协同机制，强化自然灾害预警监测机制，强化防灾减灾救灾保险机制等。

第二节　国内外研究现状

一、国外研究现状

19 世纪的西方古典经济学著作中率先对风险进行了定义，认为风险是伴随着生产经营活动的一种副产品①。到了 20 世纪，"风险"一词真正地被各领域广泛应用并获得大量成果。美国学者威雷特认为，风险是人们不愿意看到但又有可能发生的不确定性的客观存在，他提出了一些规避、控制和转移风险的办法。20 世纪中期，美国学者威廉在承认风险客观性的基础上，提出不同个体主观意志差别情况下的认识差距②。日本学者武井勋认为："风险是在特定时期和环境下，自然存在的导致损失的变化。"

关于自然灾害风险：Maskery(1989)认为，灾害经过而带来损失为自然灾害中的风险。Tobin & Montz(1997)认为，自然灾害风险是某一灾害发生的概率和期望损失的乘积③。1987 年，联合国倡导的"国际减灾十年行动"标志着国外对自然灾害风险系统性研究的开始。直到 1999 年，联合国将原来的十年行动调整为联合国国际减灾战略计划(ISDR)，通过降低人类社会系统面对灾害的脆弱性，建立安全世界。

此后，学术界开始重视应对自然灾害的相关研究，日本学者冈田宪夫提出了综合灾害风险的管理概念和理论④。Button 在其著作《作为灾害之源

---

① Fischhoff. Managing Perceptions[J]. Issues in Science and Technology，1985(2)：83-96.

② 乌尔里希·贝克，等. 自由与资本主义[M]. 杭州：浙江人民出版社，2001：119-120.

③ Tobin G A, Montz B E. Natural Hazards：Explanation and Integration [J]. New York：The Guilford Press，1997.

④ Okada Urban Diagnosis and Integrated Disaster Risk Management[A]. Proceedings of the China-Japan EQTAP Symposium on Police and Methodology for Urban Earthquake Disaster Management[C]. November 2003，Xianmen，China.

的环境》一书中，将自然灾害风险的研究从单纯的致灾因子和防灾减灾措施扩展到人们对灾害的行为反应上，他指出，人类可以通过合理行为"减灾"，主要包括吸收、接受、减轻和改变四种模式。

此后，关于自然灾害风险评估的研究开始发展，大致包括3个阶段：①注重致灾因子研究阶段，20世纪80年代以前，以Burton为代表，主要关注致灾因子在整个灾害过程中的作用，侧重对致灾因子等级的刻画，但忽略了致灾因子与承载体之间的相互作用风险①；②注重承载体脆弱性的研究阶段，20世纪80年代起，学界开始不仅关注致灾因子与孕灾环境相互作用，还对人类社会这样的承载体展开了研究，从传统的统计分析到与经济社会紧密结合，注重承载体脆弱性的研究（Hewitt，1998）；③综合研究阶段，20世纪90年代起，灾害风险研究从脆弱性研究开始形成了由致灾因子（hazard）、暴露（exposure）、脆弱性（vulnerability）三个因素相互作用的综合性研究（Coburn A. W.②，1994；葛全胜③，2008）。

关于自然灾害风险评估的方法，主要有联合国计划署与联合国环境规划署合作开展的"灾害风险指标（DRI）"计划，构建了一系列灾害风险指标体系④。美国哥伦比亚大学和ProVention联盟共同完成的"自然灾害风险热点"（Disaster Risk Hotspots）计划，建立了灾害多发地区风险评估指标⑤。美洲发展银行（IADB）、国立哥伦比亚大学（ECLAC）和IDEA合作开展的美洲计划从国家级层面构建了风险与脆弱性评估体系。多重风险评估方法由欧洲空间规划观测网络（ESPON）创立，主要通过分析自然致灾因子相关的

① Burton I, Kates R W and White G F. The Environment as Hazard [M]. First Edition, New York：The Guilford Press，1978.

② Coburn A W, Spence R J S, Pomonis A. Vulnerability and Risk Assessment[J]. Berlin：Springer Netherlands，2013.

③ 葛全胜，邹铭，郑景云. 中国自然灾害风险综合评估初步研究[M]. 北京：科学出版社，2008.

④ 黄蕙，温家洪，司瑞洁，等. 自然灾害风险评估国际计划述评Ⅰ——指标体系[J]. 灾害学，2008，2（23）：112-116.

⑤ Arnold M, Chen R S, Deichmann U, et al.. Natural Disaster Hotspots Case Studies, Washington DC：Hazard Management Unit[R]. World Bank，2006：1-181.

风险来评估研究区的潜在风险,属于指标法的一种,该方法在欧洲得到广泛应用①。

在自然灾害风险管理研究方面,国外研究者主要从危机管理的角度进行研究,经历了从国际关系领域②到组织框架内的危机研究过程。2001 年美国发生了"9·11"事件,研究者们将视线从国际关系、社会领域转向"非传统安全(低度政治)"领域③。此后,罗森塔尔的《危机管理:应对灾害、暴乱与恐怖主义》、美国研究者编写的《地方政府的应急管理原则和时间》、伯克利加州大学的《城市应急管理与计划》等开始不同程度地涉及自然灾害风险管理分析。国外对自然灾害的社会科学研究较少,具有代表性的有克朗特利的专著《社区突发事件中的社会与组织问题》及《大规模灾难中帮助行为研究》。Josefa Z. Hernandez 和 Jane M. Serrano 将应急管理知识模型应用到西班牙水灾管理,建立了灾害信息数据库,便于快速、准确地掌握灾情信息,从而提供决策支持④。

二、国内研究现状

国内对自然灾害风险管理的研究同样始于危机管理或公共危机管理,经过了从国际关系领域到社会领域的阶段。从 1998 年抗洪救灾开始,研究者们开始注意到政府危机管理的重要性,《危机状态下的政府管理》(许文惠等,1998)一书的出版标志着学者开始着眼于国内。2003 年 SARS(严重急性呼吸系统综合征)事件后,危机管理研究的深度和广度逐渐拓展,以薛澜为主要代表。在《危机管理——转型期中国面临的挑战》一书中,薛澜

① Grieving. Multi-risk Assessment of Europe's Region [M]. In Birkmann J (ed.). Measuring Vulnerability to Hazards of National Origin. Tokyo:UNU Press,2006.

② C. F. Hermann(ed.). International Crisis:Insight from Behavioral Research [M]. N. Y.:Free Press,1972.

③ 汪志红,王斌会. 突发公共事件危机管理研究发展综述[J]. 生产力研究,2010(12).

④ Josefa Z,Hernandez,Jane M Serrano. Knowledge base Models for Emergency Management Systems[J]. Expert Systems with Applications,2001(20):73-186.

从"危机诱因的视角"对危机进行了科学分类。国内学者从我国公共危机管理存在的"法规不健全""配套措施不到位""运行机制不畅"等问题出发提出了完善我国危机管理的制度性建议。薛澜根据公共危机管理的特征设计了危机管理的基本框架和完善危机管理的制度建议①。同时，一批国外代表性著作也被用作比较研究，如韩应宁译的《危机管理》(斯蒂芬·芬克)以及王成等译的《危机管理》(罗伯特·西斯，2001)。

在自然灾害风险管理研究方面，国内研究者主要集中在自然灾害综合风险评估、地质灾害和农业自然灾害风险防控研究、自然灾害脆弱性评估及风险防范对策研究三个方面。

①自然灾害综合风险评估研究。以史培军为代表的学者们发表了一系列论文和著作，对我国自然灾害时空格局②、地域特性、演变规律、风险评估、脆弱性开展了系统研究。③ 张继权、冈田宪夫等人对自然灾害结构与形成机制，危机管理向风险管理转变途径，以及自然灾害风险管理的本质、目标、过程进行了较为详尽的论述，并提出了强化我国综合自然灾害风险管理的建议。④ 黄崇福等人根据自然灾害风险评价的基本理论，介绍了不完备信息条件下自然灾害风险评价的理论和模型。⑤ 景垠娜在构建致灾因子、孕灾环境、承载体一体的评估模型基础上对上海浦东地区暴雨洪涝灾害进行了实证研究。⑥ 孔峰等对大尺度综合自然灾害风险评估研究进

①　薛澜，张强，钟开斌.危机管理——转型期中国面临的挑战[M].北京：清华大学出版社，2003.

②　王静爱，史培军，等.中国自然灾害时空格局[M].北京：科学出版社，2009.

③　商彦蕊，史培军，等.自然灾害系统脆弱性研究[M].西安：西安地图出版社，2004.

④　张继权，冈田宪夫，多多纳裕一.综合自然灾害风险管理[J].城市与减灾，2005，4(2)：2-5.

⑤　黄崇福.自然灾害风险评价——理论与实践[M].北京：科学出版社，2005.

⑥　景垠娜.自然灾害风险评估[D].上海：上海师范大学，2010.

展进行了综述和展望。牟笛，陈安等①利用我国 2019 年的自然灾害数据评估区域自然灾害综合风险水平，并提出了加强我国防灾减灾能力的建议。

②地质灾害和农业自然灾害风险防控研究。对于地质灾害领域的风险防控研究，国内已经形成了一套从技术、理论、方法都比较成熟的体系，而且随着科技的进步不断更新，如大数据技术、机器学习和人工智能等在地质灾害风险管理中的应用等②，向喜琼、黄润秋等（2000）率先系统地将风险评价与风险管理应用到地质灾害评价预测中，并利用 GIS 技术提出了地质灾害风险评价、管理的总体思路和步骤。③ 在农业自然灾害风险防控方面，黄崇福等（1998）以历史灾情资料为依据，引入了信息扩散的模糊数学方法，对农业自然灾害风险评估提供了实用方法。④ 王国敏等提出应根据灾前、灾中和灾后不同情况，建立农业自然灾害风险管理综合防范体系，属国内文献中首次对农业自然灾害风险防范体系做系统研究⑤。张昶、张平等分析了黑龙江省农业自然灾害风险管理现状，并提出了政策建议。杨霞等人认为，需发挥农业保险的作用，以农业保险提升我国农业自然灾害风险管理能力。⑥

③自然灾害脆弱性评估及风险防范对策研究。2000 年，商彦蕊对脆弱性概念、主要内容、脆弱性的结构及影响因素以及减轻脆弱性、减少损失的途径进行了综述，并讨论了从灾害孕育发生的各个环节降低脆弱性，以

---

① 牟笛，陈安．中国区域自然灾害综合风险评估[J]．安全，2020，41(12)：23-26.

② 李阳春，刘黔云，李潇，顾天红，张楠．基于机器学习的滑坡崩塌地质灾害气象风险预警研究[J]．中国地质灾害与防治学报，2021，32(3)：118-123.

③ 向喜琼，黄润秋．地质灾害风险评价与风险管理[J]．地质灾害与环境保护，2000，4(1)：38-41.

④ 黄崇福，刘新立，周国贤，李学军．以历史灾情资料为依据的农业自然灾害风险评估方法[J]．自然灾害学报，1998，4(2)：4-12.

⑤ 王国敏．农业自然灾害的风险管理与防范体系建设[J]．社会科学研究，2007，4(4)：27-31.

⑥ 杨霞，李毅．中国农业自然灾害风险管理研究——兼论农业保险的发展[J]．中南财经政法大学学报，2010，4(6)：34-37，66，143.

最大限度减轻灾害及影响①。随后，孙蕾、石勇、邵传青、任学慧等研究者分别对沿海城市、辽宁省、环渤海湾等区域自然灾害脆弱性进行了评价研究，提出了一些针对不同地区强化自然灾害风险防范的措施建议。

从 2017 年习近平总书记视察唐山并发表一系列关于自然灾害风险防范的讲话开始，国内关于自然灾害防灾减灾救灾的风险管理研究逐渐开展。焦贺言等人（2019）提出习近平防灾减灾救灾思想是进行时代自然灾害防治改革与发展的根本指南；王军等人（2021）提出了基于多灾种风险评估与防范的"五维"范式；纪庭超等人针对我国自然灾害应急管理体系的现状，提出在应急管理的同时加强风险管理。

就湖北省而言，阮鑫鑫、付小林等运用熵权—模糊综合评价法对湖北省 12 个地级市自然灾害脆弱性进行测度，并利用 ArcGIS 探讨了各地级市社会脆弱性的时空演变特征，为湖北省综合防灾减灾、韧性城市提供理论和实践依据。杨俊、向华丽等采用 HOP 模型针对湖北省宜昌地区地质灾害区域脆弱性进行了研究，认为地质灾害区域脆弱性的空间分布特征对宜昌地区的防灾减灾具有实际的指导意义，并分别从技术减灾、政策减灾等角度给出了政策建议。②

综合来看，我国对自然灾害风险管理的研究起始于危机管理或者公共危机管理。广大灾害学、生态学、管理学、安全学、环境学等诸多领域的专家学者在理论分析与自然灾害综合风险评估方法等层面做了大量的研究工作。而在区域自然灾害脆弱性研究基础上，将风险管理纳入应急管理体系，采用"风险管理+应急管理"的模式，提出系统的风险防范和化解机制还较为缺乏。就湖北省而言，部分自然灾害风险管理的学术论文只是分析了湖北省自然灾害脆弱性或管理机制，提出了零散的政策建议，没有从全省自然灾害风险防范与化解机制、体制及法制等方面进行系统研究。

---

① 商彦蕊. 自然灾害综合研究的新进展——脆弱性研究[J]. 地域研究与开发，2000，4（2）：73-77.

② 阮鑫鑫，付小林，侯俊东，董雅深，吕军. 湖北省自然灾害社会脆弱性综合测度及时空演变特征[J]. 安全与环境工程，2019，26（2）：52-61.

当前，湖北省积极响应习近平总书记"同自然灾害抗争是人类生存发展的永恒课题"的要求，积极贯彻落实习近平总书记"两个坚持、三个转变"重要思想，在国务院统一部署下，积极开展湖北省第一次全国自然灾害综合风险普查工作，成立了领导小组办公室，印发了成员单位任务分工和2021年度工作要点等通知。截至2021年7月14日，湖北省自然灾害综合风险普查工作试点调查任务基本完成，这也标志着湖北省第一次全国自然灾害综合风险普查全面启动。

作为中部崛起的关键力量，湖北经济、资源、交通、教育科技、地理位置方面的优势明显，系统分析湖北省自然灾害风险防范与化解方面的现状，发现优势与不足，构建湖北省自然灾害风险防范与化解机制，提出科学准确的政策建议意义重大。

第三节　研究思路及方法

一、研究思路

本书研究技术路线，如图1.1所示。

本书基于"风险管理+应急管理"的模式构建湖北省自然灾害风险防范与化解机制，主体分为三个部分：第一部分为国内外研究现状和相关理论基础；第二部分分析湖北省自然灾害的基本情况和成因，进行区域脆弱性评估；第三部分首先分析湖北省自然灾害风险防范的现状及问题，并对国外代表性国家和国际灾害风险防范措施进行比较研究，构建湖北省自然灾害风险防范与化解机制，并提出完善湖北省自然灾害风险防范与化解的政策建议。

二、研究方法

本书的主要研究方法包括以下几种。

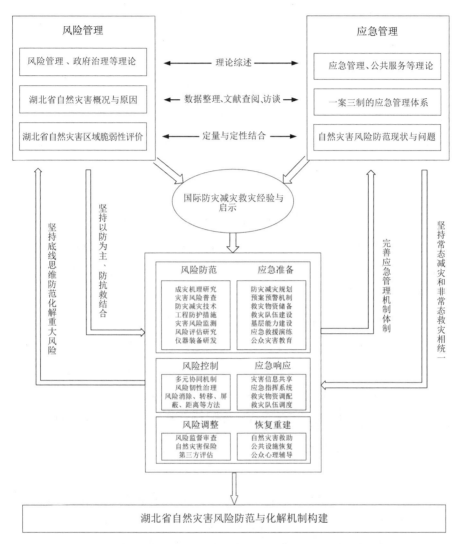

图 1.1 湖北省自然灾害风险防范与化解机制构建路线图

（1）理论研究与实证研究相结合

通过对研究对象概念、理论基础的描述与分析，确定所要研究问题的内涵及本质特点，实证研究则对具体产生的问题进行规律探究和原因分析，从而达到强化理论认知的目的。本书在归纳总结自然灾害系统理论、自然灾害脆弱性理论、灾害风险管理理论、应急管理理论、公共治理理论等理论基础上，对湖北省自然灾害区域脆弱性进行实证研究，为总体政策制定提供数理支撑。

（2）深度访谈与实地调研

深度访谈可对受访对象进行多维度、拓展性的问题探究，有利于获取可信度更高的信息，而实地调研可以及时准确地掌握研究对象最新的动态资料。本书通过深度访谈以及实地调研等方法剖析湖北省自然灾害风险防范的现状及问题，为后续研究奠定基础。

（3）类比法

类比法可以根据研究对象的相似性和差异性，进行创造性的推理和设想，为解决问题提供方向和目标。本书根据国外自然灾害风险防范的经验与教训进行类比研究，为湖北省自然灾害风险防范与化解机制的构建和实现路径提供借鉴和参考。

（4）定性分析与定量分析相结合

定量分析与定性分析结合有助于准确把握研究对象的质和量，揭示研究对象的规律和特征。本书在检索现有文献关于自然灾害风险防范与化解研究现状的基础上，通过实地调研、专家访谈等形式对研究对象进行定性分析，采用综合指标测度、模型分析等方法对湖北省自然灾害区域脆弱性进行评估，为科学准确地提炼政策建议提供依据。

（5）系统科学研究

以系统论、控制论和信息论为基础的系统科学方法论为指导，结合习近平总书记应对自然灾害新定位新理念新要求思想以及"两个坚持、三个转变"重要讲话精神，构建湖北省自然灾害风险防范与化解的常态化机制。

三、主要观点

本书主要观点如下。

①开展自然灾害风险防范与化解机制研究是提升综合防灾减灾救灾能力、实现经济社会高质量绿色发展的必然选择。2016 年 7 月 28 日，习近平总书记在河北唐山提出防灾减灾救灾的"两个坚持、三个转变"重要战略

指导思想。党的十八大以来，习近平总书记曾多次提及"抵御重大风险""提高我国自然灾害防治能力"课题的重要性和紧迫性，强调"同自然灾害抗争是人类生存发展的永恒课题"。党的十九大报告强调，要坚决打好防范化解重大风险的攻坚战。2019 年 1 月，习近平总书记在省部级主要领导干部研讨班强调，坚持底线思维，增强忧患意识，提高防控能力，着力防范化解重大风险。2020 年 8 月，习近平总书记在安徽省考察调研时强调抗御自然灾害要达到现代化水平。防灾减灾属于传统安全，与非传统安全关系日益密切，自然灾害处理不当会危及国家安全的各个方面，做好自然灾害风险防范与化解工作已成为坚持总体国家安全观、实现经济社会高质量绿色发展的必然选择。

②自然灾害风险防范与化解机制构建必须结合我国及湖北省防灾减灾救灾工作的实际，统筹推进"一案三制"体系的完善。建立或完善权责分明、协调有序、处置有力的体制；建立或完善常态化的防灾减灾救灾机制，强化部门、行政区域间的协同运作，实现联防联控；建立或完善"有法可依、有法必依、执法必严、违法必究"法制体系，确保自然灾害应对过程中各区域、各行政部门清晰的法律责任；科学制定应急预案并落实，加强应急演练与应急培训。

③区域自然灾害风险防范要转变"重救灾、轻减灾"的思想，根据不同地区自然灾害脆弱性、灾害抵抗能力的差别制定因地制宜的防灾减灾措施。在灾害风险管理过程中实现关口前移，重视风险源头管控，努力实现从减少灾害损失向减轻灾害风险转变。根据区域发展差异制定更具针对性的管控政策，防止新生灾害，应对剩余灾害。

④自然灾害风险防范需要重视科技创新，增加科技投入，推动科技技术应用，加强对自然灾害多灾种耦合型风险的复杂性和不确定性的研究。充分发挥大数据、人工智能、物联网、5G 等技术在自然灾害监测预警、信息发布、数据存储等方面的优势。增加科研投入，加强对自然灾害多灾种之间、自然灾害与事故耦合性风险的研究。

四、主要创新点

本书主要创新点如下。

①研究思路创新。目前国内外自然灾害风险管理研究主要集中在自然灾害风险评估方法、自然灾害社会脆弱性及自然灾害应急管理研究三个方面。本书将风险管理纳入应急管理，能很好地实现"坚持以防为主，防抗救相结合；坚持常态减灾和非常态救灾相统一"的要求，在灾前、灾后、灾中分别融入灾害风险管理与应急管理的思想，结合湖北省历史灾情数据，分析自然灾害的特征并进行自然灾害区域脆弱性评估，结合湖北省自然灾害风险防范化解的现状和国外自然灾害风险管理的经验启示，系统构建湖北省自然灾害风险防范与化解机制，具有一定创新性。

②研究视角创新。防灾减灾关乎国计民生，自然灾害处理不当会危及国家安全的各个方面。本书以习近平"国家安全观"作为自然灾害风险防范与化解机制构建的指导思想，充分认识"我国是世界上自然灾害最为严重的国家之一"这一基本国情，充分认识防灾减灾救灾的长期性、艰巨性，充分了解自然灾害的国情、省情、市情、县情等，坚持以人为本、生态优先、绿色发展的防灾救灾基本原则，具有一定的创新性。

第二章　相关概念与理论基础

第一节　相关概念

一、灾害与自然灾害

（一）灾害

在《辞海》里的解释为"天灾人祸造成的损害"，其是灾害学最基本的一个概念。联合国国际减灾战略所提出的关于灾害的定义，是指一个社区或社会功能被严重打乱，涉及广泛的人员、物资、经济或环境的损失和影响，且超出受到影响的社区或社会能够动用自身资源去应对。即灾害是对人类的社会生活造成损害影响的一种事件。国外有学者认为灾害是导致社会的一些基础设施被破坏，公共资源受到损害的一种社会事件，灾害产生的原因可能是自然的，也可能是人为导致的，或者两者共而有之。国内学者史培军认为，灾害的发生是三方面因素共同作用的结果：致灾因子、承灾体和孕灾环境。还有学者认为，灾害是自然因素、人为因素或者两者皆有的，威胁到人们的生命财产安全，破坏人类生存现状的一种现象①。

灾害具有两重属性：一方面，灾害的发生会对自然环境造成损害；另

---

① 李燕芳. 自然灾害与应急管理[M]. 北京：经济日报出版社，2017.

一方面，灾害还会对人类社会造成危害。灾害的自然属性和社会属性决定了对于灾害的研究需要自然科学和社会科学相结合来进行分析。

本书认为，灾害是指社会功能被严重打乱，涉及广泛的人员、物资、经济、环境，造成严重的环境破坏和社会危害。例如洪水会导致村庄、农田被淹、动物流离失所；火灾会烧毁树木导致环境污染和损害自然环境；地震会导致房屋倒塌和人员伤亡等。灾害的影响不仅包括生命财产的伤亡和损失，还会导致社会的混乱、环境的破坏等。

"灾害链就是一系列灾害相继发生的现象"这一概念首次由我国地震学家郭增建提出。史培军则将灾害链定义为由某一种致灾因子或生态环境变化引起的一系列灾害现象。简单而言，灾害链就是由某种灾害或致灾因子导致的一系列相互联系的灾害现象。

灾害链描述的是一种链式关系，来反映灾害事件发展的不同阶段和过程以及可能造成的次生或衍生灾害。灾害链的形成机理主要是由某种致灾因子与承灾体作用并导致灾害后，产生了新的致灾因子。新的致灾因子又与新的承灾体作用产生新的灾害，形成灾害链。如图 2.1 所示。

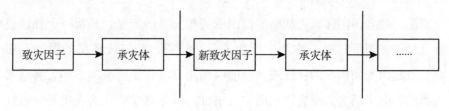

图 2.1　灾害链的形成机理

(二) 自然灾害

自然灾害是指自然现象异化给人类社会或环境带来损害的自然现象。自然灾害种类繁多，主要有六大类：气象灾害、地质灾害、地震灾害、海洋灾害、森林火灾和重大生物灾害。气象灾害主要包括洪涝、干旱、台风等；地质灾害主要包括地震、滑坡、泥石流等；海洋灾害主要包括海啸等。自然灾害是自然系统在地理环境的演化过程中发生的异常事件。不同的自然灾害产生的原因不同，所具有的特征也不尽相同，但其危害程度的大小的可以大致从三个方面来进行描述：一是孕育灾害的环境（孕灾环境）；二是导致灾害发生的因子（致灾因子）；三是承受灾害的客体（承灾体）。

自然灾害具有以下几个特点。

（1）广泛性与区域性

自然灾害分布广泛，地球上任何一个角落都有可能发生自然灾害，不论是内陆还是海洋，人员密集还是人员稀少都有发生自然灾害的可能。同时自然灾害的发生还具有区域性，例如内陆地区多发地质灾害、森林火灾等，临海地域多发气象灾害、海洋灾害等。

（2）不确定性

自然灾害的发生总是具有不确定性，不确定性包括时间、地点和规模的不确定，自然灾害的诱发因子很多，因而导致了自然灾害的不确定性。这一特性很大程度上增加了人类应对自然灾害的困难。

（3）周期性和联系性

一个区域内的自然灾害发生总是有某种规律，即"周期性"，例如一个地区的洪涝灾害等都会随着气候的变化周期性发生。联系性主要表现在灾害之间的相互联系形成灾害群或灾害链以及区域之间的联系，例如常说的蝴蝶效应。

（4）不可避免性

自然灾害总是无时无刻在发生着，只要存在自然环境，就不可避免会发生自然灾害，即便可以采取一定的措施来预测和预防，但也只能在一定程度上减轻自然灾害的危害，而不能完全避免自然灾害的发生。

二、风险与风险管理

（一）风险

关于"风险"一词的解释是：生命与财产损失或损伤的可能性。在

ISO 13702-1999 中将风险作为危险的衡量指标，指出风险就是发生不期望事件的概率。史培军认为，风险就是某区域未来某时期内灾害损失可能性的大小，风险的核心是灾害事件发生的可能性，以及由此灾害事件造成的影响，即损失、伤害等。联合国国际减灾战略(UNISDR)将风险定义为"一个事件的发生概率和它的负面结果之和"，指出风险就是自然或认为致灾因子、脆弱性、暴露和能力相互作用的不确定性和造成损失或损害；该定义强调了社会因素对于风险的影响以及致灾因子强度和分布的预估。

人类社会里所面临的风险可能有各种来源，根据自然与人的关系，可将风险分为两大类：自然风险和人为风险。

自然风险，例如地震、洪水、台风给人类社会所造成的自然灾害风险。

人为风险，主要是由于人类生存发展过程中产生意料之外的风险。人为风险主要分为以下几类。

①社会风险。社会风险是由于人们在社会发展中所产生的宗教信仰、道德观念、价值取向、社会制度、风俗习惯相互融合冲击之后所产生的不确定事件，进而导致社会各种冲突。

②政治风险。指的是由于一个国家的政策策略变化导致的风险。对于一个国家而言，国际政治环境的变化可能会导致政治风险。[①]

③经济风险。指的是由于宏观经济和微观经济市场变化而导致的各类市场价格的风险。当前在经济全球化的趋势下，经济风险往往伴随着政治风险的出现而出现。

④法律风险。随着社会的进步，法律体系也会随之变化和进步，法律标准和条款也会随之变化或调整。

⑤操作风险。一般指组织运行和程序，特别是安全生产领域和公共安全领域都有这种潜在的风险。

我国现行的法律中的《中华人民共和国突发事件应对法》(以下简称《突

---

① 唐钧. 政府风险管理[M]. 北京：中国人民大学出版社，2014：301.

发事件应对法》）确定了我国现在的行政管理制度。它从风险的潜在损失的定义出发，指出"突发公共事件"是突然发生，造成或者可能造成重大人员伤亡、财产损失、生态破坏等严重社会危害或危及公共安全的紧急事件。突发公共事件按照性质、机理可分为四类：自然灾害、事故灾害、公共卫生事件和社会安全事件。相应地，突发公共事件也会产生四类风险：自然灾害风险、安全生产风险、公共卫生风险、社会公共安全风险。

①自然灾害风险主要包括地质灾害、地震灾害、气象灾害、海洋灾害、森林火灾和重大生物灾害等。

②安全生产风险主要包括工业生产中可能发生的各类安全事故。

③公共卫生风险主要包括传染病风险、不明原因传染性疾病、动物疫情等。

④社会公共安全风险主要包括恐怖袭击、金融风险等。

（二）风险管理

风险管理从保险学的角度来看就是通过对企业活动和资源进行组织、计划和控制，来减少或消除不确定事件的影响。从管理学的角度来看就是通过识别潜在风险、损失，从管理过程来制订和选择能够使企业利益最大化的管理方法。

传统的观点认为，风险管理是指个人、家庭、组织或政府对可能遇到的风险进行识别、分析、评估的过程，并在此基础上对风险实施有效的控制。但现在非传统的观点则认为，风险管理是指如何和风险共处的建构过程，为有效管理可能发生的事件并降低此事件的不利影响进行风险决策和进行管理措施的过程。综合国内外关于风险管理的定义，可认为风险管理是指组织和个人如何整理运用有限的资源，使未来事件发生的风险成本最低的管理过程。

我国风险管理国家标准 GBT 23694-2009 给出的风险管理定义是指导和控制某一组织与风险相关问题的协调活动，这里的风险管理通常包括风险评估、风险处置、风险承受和风险沟通。

从管理学的角度而言，管理并不是一个直线的结构，也不因管理措施的实施而终止，风险管理也是如此。在风险管理的过程中，管理者或管理系统通过监控、措施结果反馈来改进系统或风险管理方法，从而增强对风险的管控或处理能力。风险管理是一个环形过程，通过不断地反馈来使风险降低到预先指定的或可接受的水平，并降低未来发生的风险灾害的概率及损失后果。

风险管理包括风险识别、风险估计、风险分析、风险评价、风险评估、风险处置等过程，这些过程构建的风险管理概念框架，如图 2.2 所示。风险分析包括风险识别和风险估计，风险评估包括风险分析和风险评价两个部分，风险管理则又包括风险评估和风险处置的全部内容。

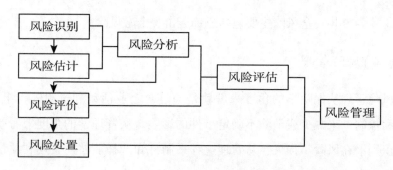

图 2.2 风险管理概念框架图

风险管理的首要步骤是风险分析，通过风险识别和风险估计来识别可能存在的分析。风险估计是在风险识别的基础上，对于识别出可能存在的风险对其发生的可能性以及发生后可能造成的损失进行估计。随后根据分析结果综合企业的风险承受能力评估该风险对企业而言的重要性。再根据评价结果对风险采取措施进行处理。

按照风险的主体不同，风险管理可分为个体风险管理、企业风险管理、社会风险管理和国家风险管理四大类。

（1）个体风险管理

个体风险管理主要是指个人对其自身所面临的风险进行识别、评估和管理决策的过程和方法，其中包括有对个人生命和个人财富的风险管理。个体风险管理由效用、风险偏好两方面来决定。效用指的是人们在某一时期对某一特定事件的满意程度。效用函数是指人们面对各种选择时，其中一种选择与该选择对应的特定结果之间的特定关系。而个人的风险偏好会在很大程度上影响该个体的效用函数。风险偏好也就是风险态度，即一个人的风险态度会直接影响其做出的选择，也就是效用。

（2）企业风险管理

企业风险管理相较于个人风险管理而言更加复杂和庞大。其管理过程会受到公司管理层、员工、公司战略等的影响。其目的是保证公司经营效率和效果能够按照计划正常进行，在经营过程中规避风险以及遵守相关的法律法规。

（3）社会风险管理

社会风险管理是为了防范可能导致的社会不稳定、扰乱社会秩序等的社会风险，防止其对社会造成危害的一种管理。它相较于企业风险管理而言范围更加广阔，是从社会层面来维护社会的稳定和社会发展的正常进行。社会风险一旦发生可能会造成社会危机并对社会稳定和秩序造成破坏。一般而言，社会具有一定的稳定性和适应性，能够自行处理和化解大部分社会风险。社会风险管理的目的就是加强社会处理和化解危机的能力，同时避免大型风险危机的产生。

（4）国家风险管理

国家风险管理是从国家层面出发，对于国家和政府机关提供管理措施。国家风险包括主权风险和非主权风险。国家风险主要是从经济层面和社会层面来进行管理。

（三）灾害风险管理

联合国国际减灾战略定义灾害风险就是为了减少潜在危害和损失，对不确定性进行系统管理的方法和做法。灾害风险管理是对风险管理的细化，专门针对灾害进行的风险管理。跟风险管理一样，灾害风险管理通过风险分析、识别、评估等，采取防灾、减灾措施，来避免或减轻灾害的危害。灾害风险管理贯穿灾害的整个过程，从预防灾害到灾害发生过程以及灾害发生后进行预防、减灾、反思，来降低灾害带来的不利影响和发生的可能性。

(四) 自然灾害风险管理

自然灾害风险管理是对灾害风险管理的延伸，主要考虑的是对自然灾害的风险管理。自然灾害管理的目标是通过采取措施来控制自然灾害的风险，使其能够被公众接受或在允许的范围内。基于自然灾害的特征：突发性、不确定性等，自然灾害的风险管理相较于风险管理而言需要协调好管理部门、民众之间的关系，两者之间的沟通和交流需要明确且清晰，才能确保风险管理措施的实施。就自然灾害风险管理体系而言，风险管理的各个步骤，如风险识别、风险识别、风险处置等都需要管理部门和民众共同参与。

自然灾害风险识别和评估是指对可能引发自然灾害的致灾因子进行识别并评估其发生的可能性和引发灾害后可能造成的危害。自然灾害风险评估是在风险识别的基础上，通过收集和分析相关资料和数据，分析致灾因子和承灾体之间的关联，评估其灾害危害等级和可能造成的财产损失、人员伤亡等。

三、韧性与脆弱性

韧性一词最早在力学领域使用，后逐渐拓展到社会领域。由生态学家霍林(Holling)将其引入生态领域，定义为系统能够恢复原来状态的能力。1980 年之后韧性研究逐渐步入社会领域、灾害研究。

从灾害系统理论的角度出发，韧性是针对承灾体而言，其反映了承灾体在相应的孕灾环境内受到致灾因子的作用时，抵抗、吸收其不良影响，并从中回复的能力。从灾害风险理论的角度出发，韧性可以从脆弱性的相反角度来加以理解，脆弱性描述了承灾体在致灾因子的作用下受到破坏或导致灾害的程度或可能性，而韧性则是抵抗或减少风险的程度。因此，在研究韧性的时候，常与脆弱性、恢复力和承灾体相结合来进行表述。联合国国际减灾策略曾指出，韧性就是一个系统、社区乃至一个社会暴露在灾害中的时候，通过调整或者抗击，使自身保持一个较为稳定状态的能力。

在韧性定义的基础上进一步提出社区韧性、城市韧性的概念。2005年，韧性城市联盟（Resilience Alliance）将韧性城市定义为："城市系统能够消化并吸收外界干扰（灾害），并保持原有主要特征、结构和关键功能的能力"。城市韧性可以从影响城市发展的几个因素来进行分析，如技术、经济、社会等。技术韧性是指城市的基础设施在面对灾害时的应对能力、恢复能力等。经济韧性是指城市的经济指标或经济发展状况在遭受灾害破坏时的反应能力和恢复能力。社会韧性和组织韧性同理，都是反映城市的某一影响因素在遭受自然灾害时的应对和处理能力。本书通过对区域脆弱性的研究与分析，来探讨湖北省防灾减灾策略，进而提高城市韧性和降低城市脆弱性。

脆弱性一开始在社会学上加以运用，随着灾害学的发展，脆弱性开始在自然灾害领域内应用并逐渐成为灾害研究中的重要概念和研究内容。为了探讨灾害风险的内在规律，脆弱性的内涵也在不断拓展，最初，脆弱性仅考虑承灾体自身的脆弱性，后逐渐发展为考虑承灾体和系统的暴露性和适应性等多种因素的结合。

就灾害而言，脆弱性可以描述为系统在自然灾害的影响下易受伤害的程度和可能遭受损失的大小。脆弱性可以从两个方面进行阐述：一方面，脆弱性表示系统在致灾因子的影响下产生损失的大小；另一方面，脆弱性表现在系统内部抵抗自然灾害冲击的能力。系统自身的结构直接决定了系统在遭受自然灾害时的应对能力。系统作为一个有机体，在遭受冲击时会通过各类反馈机制来调节系统结构和功能。对于某一灾害事件而言，一个系统的脆弱性越高，其越容易遭受打击，受到的损失也就越大，灾害损失就越严重。世界风险报告（World Risk Report）中指出，脆弱性是系统敏感性、应对能力和适应性的函数。它强调系统自身的抵抗、应对灾害和恢复的能力。联合国政府间气候变化专门委员会（IPCC）认为，脆弱性是系统受灾害事件影响的程度，主要是对承灾体自身的敏感性而言。Cutter 指出，脆弱性是致灾因子在孕灾环境下，作用于社会系统的产物，是个体或群体暴露在致灾因子下受到灾害影响的程度或可能性。①

随着研究的深入，现代学者们开始将灾害学和社会学相结合来研究，即灾害社会学，人们不再只从灾害产生的因素和承灾体本身的物理属性来研究，而转向对灾害产生的社会基础以及社会经济、人口、技术等方面的研究。社会脆弱性是从社会角度分析脆弱性产生的根源，可以描述为人类社会在自然灾害影响下表现出来的易受伤害的程度和损失的严重程度。它主要侧重从人类社会的政治、文化、经济等方面来加以研究。影响社会脆弱性的因素有很多，包括人口因素如年龄结构、男女比例、受教育程度等，经济因素如个人财富、经济发展水平等，还有医疗机构数和公共服务设施等。Cutter 认为，社会脆弱性是人们对自然灾害的敏感性以及人们对灾害的响应和从在灾害冲击中恢复的能力。

第二节　灾害系统理论

一、自然灾害系统理论

灾害系统作为一个复杂的有机体，是由致灾因子、承灾体、孕灾环境和灾情各部分共同组成具有多重特性的地表异变系统。灾害系统根据致灾因子的不同可以划分为自然灾害系统、环境灾害系统以及人文灾害系统三种。灾情是由致灾因子和孕灾环境、承灾体相互作用产生的结果②。灾情

---

① 张晓瑞，王振波，方创琳. 城市脆弱性的综合测度与调控 [M]. 南京：东南大学出版社，2016：160.

② 史培军. 再论灾害研究的理论与实践 [J]. 自然灾害学报，1996(4)：8-19.

的轻重程度受致灾因子的风险性、承灾体的脆弱性和孕灾环境的稳定性影响，风险性越大，脆弱性越高，稳定性越差，其灾情越重。

灾害系统理论认为，灾害是孕灾环境、致灾因子、承灾体共同作用的产物。其中，孕灾环境是致灾因子和承灾体产生的背景条件；致灾因子是导致灾害发生的充分条件；承灾体是影响灾情大小的必要条件，三者缺一不可①。如图 2.3 所示。

由图 2.3 可以看出，横向过程表明了三种因素之间的关系以及相互作用的过程。纵向过程表明了灾害发生后各环节的相关因素分析，得出区域减灾对策。

致灾因子是指自然或人为环境下，会对人类社会、经济活动造成不利影响，并可能造成财产损失、人员伤亡、环境破坏等处于孕灾环境中的变异因子。按照致灾因子的起源，可以把致灾因子分为两类：自然致灾因子和人为致灾因子。自然致灾因子包括泥石流、洪水、地震之类由于自然环境异变导致的自然灾害；人为致灾因子包括环境污染、交通事故之类由于人的因素造成的灾害。

孕灾环境按照地球环境可以分为两大类：自然环境和人文环境。自然环境包括大气圈、岩石圈、生物圈等；人文环境包括人类圈、技术圈等。孕灾环境是形成灾害的综合地球表层环境。不同的孕灾环境中产生的致灾因子也不相同，作用于承灾体后直接导致自然灾害系统的复杂程度、强度、灾情的强度不同。

承灾体是指包括人类社会在内的所有物质文化环境，包括农田、森林、道路、城镇等各种人类活动和资源的综合体，是各种致灾因子的作用对象。人类本身是承灾体，也是致灾因子中的人为致灾因子。承灾体按其定义可分为人类本身和人类财产及资源两大类。再进一步细分，可以根据实际情况进行调整。

---

①　史培军 . 灾害风险科学 [M]. 北京：北京师范大学出版社，2016.

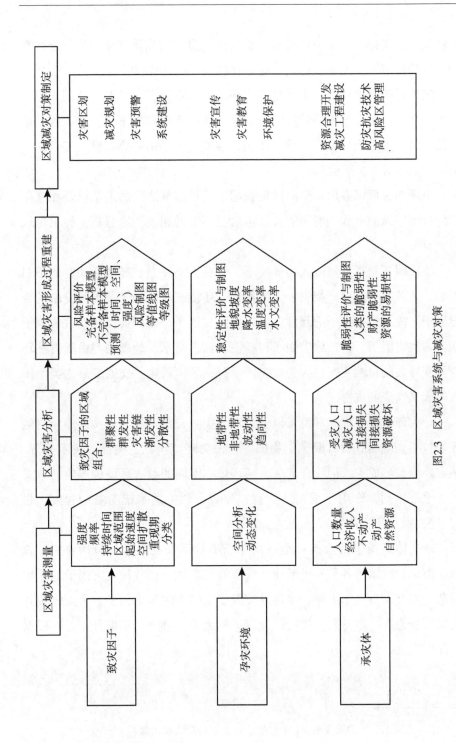

图2.3　区域灾害系统与减灾对策

灾情是致灾因子在孕灾环境下作用于承灾体内导致的在某一区域内某一时期造成人员伤亡和财产损失的灾害情况。它是孕灾环境、致灾因子、承灾体共同作用的产物。

二、自然灾害协同理论

协同学理论最早由德国粒子物理学家哈肯于 1976 年提出，他认为一个功能系统很有可能同时受外部功能参数相互驱动以及自身各个功能子系统相互影响。[①] 协同运行理论认为，全部的内外部环境共同构成了一个整体的运行系统，在内外部环境因素一定时间条件的共同影响和相互作用下，该系统很有可能会与其他的复杂子系统之间通过发展而逐渐形成相互作用，即由许多较小的复杂子系统所共同组成的复杂的子系统，在一定的时间条件下，由于各个复杂子系统之间的相互作用以及相互协作，这些复杂子系统很有可能会通过发展而逐渐形成一个分别具有一定整体意义和主要功能的自整体组织系统结构，产生一个基于时间—整体空间的复合结构，最后逐渐达到一个全新的有序整体运行系统状态。

在协同学中，序参量是一个关键的研究因素。序参数是用来描述一个系统的行为状态的向量，这一向量既与时间相关，又与空间相关。自然灾害反应系统本身其实就是一个复杂而巨大的子系统，其中每一个大的子系统都可以同时存在自发的、无一定规律的各种独立运动和同时受到其他子系统或者一个系统所在全局或者所在之处的大环境影响的各种协同反应运动，序参量产生于这些独立运动以及协同运动之中，并同时指导着子系统的运动行为。

协同学理论将具有 n 个分量的序参量或称为状态向量描述的系统方程表示为：

$$q = (q_1, q_2, \cdots, q_n)$$

当将此方程用于描述连续介质的系统结构时，其中某一分量 q_i 既取决

① 黄玉洁. 自然灾害风险模型分析[M]. 北京：科学出版社，2015.

于时间，又取决于空间，可表达为：

$$q_i = q_i(s, t)$$

其中，s 为分量 q_i 的空间坐标。

推动整个系统发生变化的一个重要决定性影响因素就是系统内部的随机涨落，在协同学理论中，序参数量的变化实际上等同于与该系统相对应的一个统计平均值①。当去除不对系统发展和演变过程产生明显影响的缓慢变量时，每当外部条件达到临界点或不稳定点时，系统内部的涨落会在短时间内被突然放大，进而使系统达到一个新的稳定状态。在一个系统内部达到一个临界点或者不稳定的点之前，系统内部主要指的就是一个子系统独立的、无规律的运动，即系统内部呈现出一种无序状态，这主要是因为两个子系统之间的关联性太弱，不足以约束该子系统的独立运动。随着控制参数不断地变化，系统越接近一个临界点或者一个不稳定点，其与子系统之间的相互关联性就越强，之前与子系统的一种独立无规则的运动将可能会相对地减弱，当控制参数达到一个临界点时，系统内部的主要运动就转换为与子系统之间的相互关联协同运动。系统中一次发生的质变最明显的标志即序参数量的变化，在一次系统中发生质变之前序参数量应该被确认为零，达到一个临界点后，随着系统有序性程度的提高而急剧地增大，各个序参量相互作用之后出现新的结构。而系统的状态变动由无序向有序转移的变化过程恰恰是由各个序参数之间相互作用决定的。

在开放式协同理论中，对系统进行研究时主要是把系统的确定性与其不确定性紧密地结合起来，其中用于描述开放式协同系统有序运行状态的顺序参数和其他方程式可用下列形式表示：

$$\dot{q}(s, t) = N[q(s, t), \nabla\alpha, s] = F(t)$$

其中，$\dot{q}$ 为一个系统方程 q 对于时间 t 进行求导；N 为非线性函数的矢量驱动力，取决于一个变量 q；微分算子 $\nabla = (\partial/\partial x, \partial/\partial y, \partial/\partial z)$ 用来表示一种有可能发生于连续介质过程中的扩散或者波动而进行传播；α 表示控

---

① 曾令锋. 自然灾害学基础[M]. 北京：地质出版社，2015.

制参数；$F(t)$ 表示随机涨落力。

协同理论的内容主要包括三个方面，即协同效果、役使原则以及自组织原则。对于各种各样的系统来说，系统之间都存在着某种协同作用，当系统内部达到临界值时，这种协同作用便会推动整个系统内部发生质变，从而产生协同效果。在外部的物质流、能源流和信息流充足的情况下，系统本身会经由各个子系统之间的协同运行而形成一种新的安全稳定性结构。在对系统实现自组织化的操作过程中，快变量总是服从于慢变量的，慢变量最终成为引导整个变化过程的序参量。

三、自然灾害脆弱性理论

在自然科学领域的研究中，偏向于将脆弱性定义为系统由于受到各种不利影响而遭受损害的程度或可能性，强调各种外界干扰所产生的各方面影响①；而在社会科学领域中更多地认为，脆弱性是整个系统承受负面影响的能力，并注重从人类社会自身查找脆弱性产生和扩大的原因，旨在从根本上降低脆弱性，增强系统自身抵抗不利条件的能力。

自然灾害系统本身就是自然系统与社会经济系统的相互作用，因此在研究其中的承灾体脆弱性时，需要同时考虑承灾体在致灾事件中遭受损失的严重程度或可能性及脆弱性产生的社会经济要素②。在一定程度上，区域脆弱性的不同导致了灾情的出现以及不同区域灾情的差异。就自然灾害而言，由社会经济条件决定的人类社会脆弱性才是形成自然灾害并造成不利影响的真正原因。脆弱性强调了人类在面临灾害时的主观能动性，在一定的社会政治、经济、文化背景下，特定区域内的承灾体在面对某种致灾事件表现出的易于受到伤害和损失的性质，使得灾害风险的研究重点开始从自然系统演化转变为以人和社会为中心、注重人和社会的脆弱性形成及降低脆弱性的措施。关于脆弱性的界定，见表2.1。

---

① 脆弱性原理研究进展[J]. 安全，2020，41(4)：7-8.
② 延军平. 重大自然灾害时空对称性再研究[M]. 北京：科学出版社，2015.

表 2.1   脆弱性定义

定 义	来源
用来表示期望损失的程度，范围从 0 到 1，是致灾事件强度的函数	联合国救灾署
决定人们受到特定致灾事件影响的可能性和范围，由物理、社会、经济和环境因素所形成的人类处境过程	联合国开发计划署
遭遇伤害或损失的可能性，与预测、应对、抵抗灾害及从中恢复的能力有关	世界银行
易受负面影响的倾向或习性。脆弱性包括各类概念和因素，如对伤害敏感或易受伤害、缺乏应对和适应的能力	联合国政府间气候变化专门委员会
由自然、社会、经济、环境因素或过程共同决定的状态，这一状态增强个体、社区、资产或系统面临灾害的敏感度	联合国国际减灾战略

四、自然灾害灰色系统理论

灰色系统理论是由邓聚龙教授于 1982 年提出，用于研究不确定性问题。信息系统以完全已知及完全未知为主，在这两种情况之外，存在部分信息已知、部分信息未知的灰色系统。由于经典数学的精确性无法表达出实际生活中的一些"不确定"的程度，比如速度的快慢、价格的高低等，这些概念无法用准确的界限区分开来。在描述这些事物的状态时，使用经典数学并不准确，而灰色系统理论正是用来解决这类问题，其摆脱了传统精确数学的局限性。

由于灰色系统的模糊性，将其定义为局部信息系统。灰色系统理论的适用范围非常广，具有处理不确定性信息和有效利用数据的能力，其通过对已知信息进行分析来推算整个系统的运行规律，且对所研究系统的数据分布、状态变化等没有特殊的要求①。研究自然灾害系统时，信息的不确

---

① 黄崇福. 自然灾害风险分析[M]. 北京：北京师范大学出版社，2001.

定性和不完全性是最重要的问题，灰色系统理论可以基于这种信息的不确定性和不完全性对系统进行分析。

目前，以灰色系统理论为基础的模型和方法大致可以分为两类。第一类是依据已知数据建立的模型，主要包括灰色预测模型和灰色关联模型。灰色关联模型占灰色系统理论模型的较大部分，主要用于研究系统特征与其他因素之间的关联性。第二类灰色系统模型主要是灰数模型。灰数的值是一个实数，其集合可以部分确定，但确切值无法确定，在 0 到 1 之间，数字的灰色程度表示该灰数所代表的系统的不确定程度①。

自然灾害系统是一个复杂的巨系统，包含了很多影响因素，其发生过程、灾害程度、影响范围等都是灰色的概念。首先，从自然灾害系统的信息不确定性来看，自然灾害系统符合灰色系统的特征。其次，自然灾害系统的多种相关因子难以进行具体的定量化分析。最后，自然灾害系统具有极强的不确定性，在不同的阶段，自然灾害系统的状态会发生很大变化，在这一过程中，各类因素的影响程度也会随之变化。因此用灰色系统理论来描述自然灾害系统具有重要意义。

第三节　灾害风险管理理论

一、新公共管理理论

20 世纪 70 年代末起，一场由西方发达资本主义国家进行的政府改革造成了极大的社会影响，这场政府改革也被称为"重塑政府运动""企业型政府""政府新模式"等，其将原有的重视行政效率的政府模式向重视政府服务质量和民众满意度的政府模式转化，用私营企业的管理原理、技术和方法来指导公共管理，形成了新公共管理理论。

新公共管理理论认为，社会发展和经济持续增长的关键因素是管理，

---

① 李京. 自然灾害灾情评估模型与方法体系[M]. 北京：科学出版社，2012.

运用复杂的信息技术、组织技术、物质形态的商品生产技术来有效地管理劳动力要素是社会生产力的保证，提倡"由管理者来管理"，这是良好管理的基本准则。通过引进企业化管理和私营部门成功的商业实践，可以使公共部门实现良好的管理效应。就其具体内涵而言，新公共管理理论主要包括四个方面的内容。第一，强调管理的政治性质。公共管理者应当抛弃传统政府管理模式下政治与行政严格分离的教条，正视政府管理中大量存在的政策性行为及其特定的政治环境，能正确处理与不同部分、组织、大众媒介和公众的关系，以政治眼光对待公共管理与外部环境的交互作用。第二，推崇自由化的管理。进行管理的人员是具有专业能力的管理人员，政府管理的不良绩效不是因为管理者缺乏能力和不履行职责，而是过多的程序和规则束缚了管理者的权威和灵活性。因此需要管理者有充分的权力和合理范围，让"管理者来管理"。第三，崇尚市场取向的管理。以市场为导向转变政府职能，实行政府功能定位和功能输出的双市场化是新公共管理时代对政府职能的要求。在公共部门内部创立市场竞争机制，通过竞争实现高效率和低成本，以改进政府绩效，然后将私营部门的管理理念和管理技术应用于公共部门，打破公私管理之间的界限。第四，倡导企业家型的领导者。私营管理人员与公共管理人员在管理绩效上的优劣之分，原因不在于自利的人性，而在于管理环境的不同。私营管理环境能够使私营管理者适应激烈变化的外部环境，创造良好的管理绩效。因此，改革公共管理的着眼点应当是设计恰当的制度环境，保证公共管理人员拥有充分合理的权威，并赋予他们以企业家的角色。

新公共管理理论特别强调企业经营技巧和市场化导向，注意从私营部门管理中借鉴理论和技术。作为西方公共管理改革的成功典范，对我国自然灾害风险管理具有借鉴作用。新公共管理理论要求合理界定政府、市场和社会的职能关系，以寻求三者职能的均衡点，建立起公共服务的多元互补机制，推动政府职能转向经济调节、市场监管、社会管理和公共服务，改善政府与非政府组织的关系，以充分发挥非政府组织的自主管理和能动服务的积极作用，保证在自然灾害发生后，救灾行动高效地开展，最大限度减少灾害损失。通过压缩垂直式组织机构，使组织结构由传统金字塔型向扁平型方向发展，建立一种中央政府与地方政府相对稳定而有弹性的动态平衡关系模式，这样在突发自然灾害时，政府应对危机的效率才更快。以私营部门良好的管理方法为催化剂推动政府管理方式的转变，重视战略规划公共政策的制定，为国民经济和社会发展提供有利的目标导向和政策支持，同时以"企业家精神"塑造政府，在管理方法上由统治走向服务，促进公平、民主、正义等方面的回应性，关注高效率、强化责任的结果实现，实行政府管理的规范化和法制化。

二、责任政府理论

灾害发生后政府各个部门反应是否及时、救灾是否到位、重建是否顺利，都应有相应的制度安排来保障，解决这一问题的关键就是要构建现代责任政府。政府各有关部门及官员如在灾害处置过程中应对不力、反应迟钝和不作为的，应当追究其行政责任，承担相应的行政后果。因此，加强责任政府理论研究对提高灾害风险管理能力和水平具有重要意义。

责任政府的出现是现代民主发展的结果，在传统的政府理论中，责任政府是宪法制度的一个范畴，即政府必须对选民履行其政府职能，并承担宪法责任。在现代的责任政府理论中，行政制度意义上的责任政府解决的是行政机关内部的权责关系，其主要价值目标是提高行政效率和惩处官员的渎职等问题，而不是将行政机关牢牢地置于议会或选民的掌握中。

责任政府有广义和狭义之分，广义的责任政府是指政府机关依法行使行政权力，履行政府职责，强调对公民的回应和对公民合法权益的保护，它既是一种治理理念，又是一种制度安排。而狭义的责任政府则是一种制度安排，指政府有保护公民权益的责任，如若违反，会受到处罚的制度安排①。具体来看，责任政府包含以下内涵。

---

① 何友霜．马克思恩格斯对责任政府的论述及解析[J]．西部学刊，2021（5）：21-23.

①回应性。回应性是责任政府的基本内涵，是指政府对于公民的各种合法要求和权益有必要做出回应，及时回应公众的关切，回应公众对政府治理的质疑，接受公民对政府工作的监督，针对公民的需要和偏好及时采取相关措施，满足公民的需求。

②问责性。问责性是责任政府的内在要求，是指政府在行使行政职权的过程中应该承担的责任。国家的一切权力来自人民，那么行政机关的权力也同国家一样，行政机构及其官员的权力也来自人民，所以权力的行使必须将群众的利益放在首位，为民众的福祉负责任。当公民的合法诉求没有得到满足时，政府及其官员应该对自己的失责行为负政治责任、道德责任、法律责任和行政责任。

③透明性。透明性是责任政府的核心要素，两者之间是相互关联的。透明是问责的前提，也是责任政府的体现。政府应该公开其在行政活动过程中收集的信息，公开披露政府活动和绩效事实，充分保障公民的知情权和监督权，如此才能保证责任政府理念的实现。

④法治性。法治性是责任政府的保障。政府一定要制定完善的法律框架，明确权力行使依据，在法律的框架下行使权力，必须遵循一定的程序，不能超越法律授予权力的范围。而且，有明确的法律依据和保障机制可以约束政府的行为。

在中国的责任政府理论中，十分强调从管理角度探讨责任政府，例如，在冰雹、台风、沙尘暴等灾害的风险管理中，就需要对风险管理举措所带来的各种情况和后果进行综合性的全方位研究，如政府不作为或乱作为将承担相应的行政责任。透明度和回应性是责任政府的核心，责任政府理论要求政府信息公开，保障民众的知情权。责任政府要求政府把满足公民的正当利益和实现公民的合法权益作为当仁不让的责任。从概念上看，责任政府是以人为中心、为民服务的政府。责任政府坚持以人为中心的取向，所以政府必须对社会公众负责，以民众的诉求作为政府服务的立足点和落脚点。从目标上看，责任政府旨在保障民众的合法权利和利益。责任政府必须公开与社会利益有关的信息，保障民众平等、自由地参与政府事务的管理。从问责制上看，政府要有监督惩戒机制。如果政府不能承担自己的责任，不能将公民的利益置于首位，也不能保护公民的基本权利，就会受到相应的惩罚。宪法规定，知情权是公民的基本权利。责任政府追求责任行政，要让行政更加透明、公开，更具回应性。因此，《中华人民共和国政府信息公开条例》的颁布从理论和实践层面保障了公民"知的权利"。政务公开既是责任政府义不容辞的责任和义务，又是满足公民需求的必由之路。

三、公共治理理论

20 世纪 90 年代以来，一种追求公共管理模式变革和实现善治的政府结构的理论，成为一种引人注目的全球性趋势，这种理论就是公共治理理论。所谓公共治理，就是政府、非政府组织与社会公众的多元治理主体通过合作凝聚公共意志，处理公共问题，实现公共利益。研究灾后应急管理，应该借助公共治理理论。因为它既是提高灾后突发事件应急管理的有效途径，也是确保灾后公共政策合法性、有效性的重要手段，对于防灾减灾以及恢复重建具有重要的指导意义①。

公共治理理论旨在阐述当今国家与社会间关系出现的新结构形式，促进传统政治、行政制度的变革，构建分权、参与、多中心的公共事物管理模式。在公共治理理论看来，政府不是国家唯一的管理主体和权力中心，各种公共的和私人的机构，只要其行使的权力得到公众的认可、认同，都可以而且应当成为在各自不同层面上社会公共权力的主体和中心。公共治理理论的基本理念可以概括为以下几个方面。

第一，分权导向理念。传统的公共行政学强调政府是行使国家与社会事务管理的唯一权力中心，政府在整个社会中充当着十分重要的角色，特别是在决定公共资源分配、维护公民基本权力、实现公平价值等方面，发

① 高秉雄，张江涛. 公共治理：理论缘起与模式变迁[J]. 社会主义研究，2010（6）：107-112.

挥着其他组织不可代替的作用。随着社会转型和公民社会的兴起，必然要求非政府组织、非营利组织、私人机构以及社会公众与政府一起共同承担管理公共事务、提供公共服务的责任。

第二，服务导向理念。政府作为一种公共组织，其最主要的作用就是提供公共产品和进行各种制度创新。市场经济的普遍建立要求政府承担更多服务职能。很多西方国家从私营企业管理中借鉴先进的管理方法，在提供公共产品服务的过程中，强调以顾客为导向和服务中心，即根据公民的普遍需求来决定政府服务的内容，从而建立顾客导向的公共服务运营机制。这就要求政府站在社会公众的立场，考虑公共行政的主体，特别是政府如何为公众服务，这是公共行政改革的价值取向。现在，建立服务型政府已成为世界各国政府改革的流行话语。

第三，合作导向理念。公共治理理论强调管理对象的参与和合作，包括公民与社会、政府与非政府组织、公共机构与私人机构的合作。它所拥有的管理机制主要不是依靠政府的权威，而是合作网络的权威。这一自主的网络在某一特定的领域中拥有发号施令的权威，它与政府在特定的领域中进行合作，分担政府的管理责任，从而建立起由众多行动者组成的关系网络和众多行动者之间的合作伙伴关系。

在自然灾害风险管理中，公共治理理论体现出越来越重要的现实指导意义。自然灾害通常会对经济社会有很大的负面影响和破坏作用，如给人民生命财产造成巨大损失，对生态环境和人类生存环境产生破坏，对正常的社会秩序和公共安全形成不良影响等。政府如在自然灾害形成及灾后管理中应对不力，造成更大的次生灾害或衍生灾害，极易动摇社会公众对政府处理灾害事件能力的信心和信任。这就需要政府抛弃传统僵化的统治模式，采取非常态管理方式，通过合作与协作，建立一种新的、汇合社会公众共同利益、共同关心、共同决策的治理范式。

从公共治理主体建构角度来看，政府因其职责、地位和能力，仍然在自然灾害风险管理中担当主要角色，发挥主导作用，不仅要组织动员各种力量和资源共同参与，还要承担统一指挥、协调、调度的责任，以便有序地处置各项风险管理事务。

四、公共服务理论

公共服务是指政府根据社会公众的需要，使用公共资源，提供公共物品，为保障社会公众的基本权利、提高社会福利水平而提供的服务。它带有非强制性、横向性和平等性，政府只是属于社会公众的权益和资源，在社会公众的委托和监督下进行分配、调度和使用。在现代法治国家，公共管理的主体受到法律的严格规定，只有法定授权和依法委托的公共组织才有资格行使公共管理权力。公共服务是21世纪公共行政和政府改革的核心理念，包括加强城乡公共设施建设，发展教育、科技、文化、卫生、体育等公共事业，为社会公众参与社会经济、政治、文化活动等提供保障。公共服务以合作为基础，强调政府的服务性，强调公民的权利。公共服务的提出，标志着中国行政改革的进一步深化和政府管理发展中一个重要转折的来临①。

狭义的公共服务不包括国家所从事的经济调节、市场监管、社会管理等一些职能活动，即凡属政府的行政管理行为、维护市场秩序和社会秩序的监管行为，以及影响宏观经济和社会整体的操作性行为，都不属于狭义的公共服务。因为这些政府行为的共同点是都不能使公民的某种具体的直接需求得到满足。作为人，公民有衣食住行、生存、生产、生活、发展和娱乐的需求，这些需求可以称作公民的直接需求。而自然灾害的发生往往会使公民的这些需求得不到满足，研究自然灾害风险防范与化解机制，应该与公共服务理论相结合，它既是提高灾后突发事件应急管理的有效途径，也是保障公民正常需求的重要手段，对于保证灾后公民的正常需求具有重要意义。

公共服务满足公民生活、生存与发展的某种直接需求，能使公民受益或享受。譬如，教育是公民及其被监护人，即他们的子女所需要的，他们

①　张序. 公共服务的理论与实践[M]. 成都：四川大学出版社，2019.

可以从受教育中得到某种满足，并有助于他们的人生发展。如果教育过程中使用了公共权力或公共资源，那么就属于教育公共服务。但是，诸如执法、监督、税收、登记注册以及处罚等政府行为，虽然也同公民发生关系，也是公民从事经济发展与社会发展所必需的政府工作，但这些类别的公共活动却并不是在满足公民的某种直接需求，公民也不会从中感到享受，只是公民活动的间接公共需求的满足，所以类似的政府行为都不是公共服务。

五、应急管理理论

自然灾害应急管理是指政府等社会组织在应对突发自然灾害的整个过程中，通过建立必要的应急体系以及管理体制和机制，采取一系列必要措施防范和降低自然灾害所带来的人民生命财产损失，恢复社会运行秩序，促进社会和谐健康发展的有关活动。自然灾害应急管理，既有总体上的全面把握推进，也有分地区、分部门和分类别的有重点和有针对性的管理；既可以基于不同的自然灾害类别开展一系列管理活动，也可以基于自然灾害发生演变的过程进行管理。其具体是指政府及其他公共机构在突发事件的事前预防、事发应对、事中处理和善后管理过程中，通过建立必要的应对机制，采取一系列必要措施，保障公众生命财产安全，促进社会和谐健康发展的有关活动。危险包括人的危险、物的危险和责任危险三大类：人的危险可分为生命危险和健康危险；物的危险指地震、火灾、雷电、台风、洪水等灾害；责任危险是产生于法律上的损害赔偿责任，一般又称为"第三者责任险"。其中，危险是由意外事故、意外事故发生的可能性及蕴藏意外事故发生可能性的危险状态构成①。

自然灾害应急管理是全方位、全过程的管理工作，是一个完整的系统工程。自然灾害管理包括事前预防、事发应对、事中处置和善后管理几个

---

① 吴波鸿，张振宇，倪慧荟. 中国应急管理体系 70 年建设及展望[J]. 科技导报，2019，37(16)：12-20.

环节，这些阶段往往是重叠的，但它们中的每一部分都有自己单独的目标，并且成为下一阶段内容的一部分。通过建立必要的应对机制，采取一系列必要措施保障公众生命财产安全，促进社会和谐健康发展。应急管理应坚持六大原则，即以人为本、减少灾害的原则；居安思危、预防为主的原则；统一领导、分级负责的原则；依法规范、加强管理的原则；协同应对、快速反应的原则和依靠科技、全民参与的原则。自然灾害应急管理最为强调的是已经发生的自然灾害事件，通过预警、应急响应、组织群众疏散、实施灾民救助和人工干预灾害，以缓解灾害发展，减少由灾害造成的损失。同时，自然灾害应急管理并不排除在日常工作中未雨绸缪，做好自然灾害事件防范工作，以降低由于自然灾害发生可能带来的损失。自然灾害过后，自然灾害应急管理并未结束，还需着手组织家园建设、心理抚慰、生产生活秩序恢复等工作①。

---

① 钟开斌．中国应急管理机构的演进与发展：基于协调视角的观察［J］．公共管理与政策评论，2018，7（6）：21-36.

第三章　湖北省自然灾害概况

第一节　研究区概况

一、自然地理概况

我国是世界上自然灾害最为严重的国家之一，灾害种类多，分布地域广，发生频率高，造成损失重，这是一个基本国情①。我国位于世界上两个典型灾害带的交汇处，灾害频发，幅员辽阔，地理环境复杂多变，各种灾害在我国均有发生，尤其以地震、洪涝、干旱、台风、风暴潮的危害最为严重②。

湖北省地处我国地势二级阶梯向三级阶梯的过渡地带，地形地貌十分复杂，全省以山地丘陵为主，占全省总面积的 55.5%，丘陵和岗地占24.5%，平原湖区占 20%。湖北省地势呈三面高、中间低，其中河流众多，长江干流自西向东，湖泊星罗棋布，平原岗地夹杂其中，因此自然灾害十分多样。湖北省最高峰为神农架顶，海拔为 3105 米，最低处为东部平原，其海拔均在 35 米以下。湖北省坐拥江、淮、河、汉四大水系的江、汉两大

---

① 民政部救灾司．党的十八大以来防灾减灾救灾工作取得辉煌成就[N]．中国社会报，2017-10-09．

② 高庆华．马宗晋自然灾害综合研究的回顾与展望[J]．防灾减灾工程学报，2003(1)：97-101．

水系，流域广泛，支流遍布全省，河流总长 5.92 万千米。湖北省又素有"千湖之省"之称，省内湖泊现共计 755 个，湖面总面积 2706 平方公里。

湖北省地处亚热带季风气候，雨热同季，热量丰富，降雨量充足，降水呈现由南向北递减趋势，各地平均年降水量为 800~1600mm，季节分布明显，降雨集中在 5~9 月，其中 6~7 月为梅雨季节。

二、社会经济概况

2020 年，湖北生产总值为 43443.5 亿元，受疫情影响比 2019 年的 45828.3 亿元下降 5%，排名全国第八。其中，第一产业增加值与 2019 年持平，为 4131.9 亿元，第二产业下降 7.4%，第三产业下降 3.8%。湖北省财政总收入 4581 亿元，实现消费品零售总额 17985 亿元，粮食产量 2727 万吨，连续 8 年稳定在 500 亿斤以上。

第七次人口普查数据显示（截至 2020 年 11 月），湖北省常住人口 57752557 人，比 2010 年人口普查数据增加 514830 人。其中城镇人口为 3632.04 万人，占 62.89%；居住在乡村的人口为 2143.22 万人，占 37.11%。与 2010 年相比，城镇人口增加 787.53 万人，乡村人口减少 736.05 万人，城镇化率提高 13.19%。65 岁及以上人口为 842.43 万人，占 14.59%，人口老龄化程度进一步加深；0~14 岁人口为 942.05 万人，占 16.31%，少儿人口比重回升。男女人口性别比例 105.83，拥有大学文化程度的人口为 895.25 万人，占比 15.50%，比 2010 年提高 5.97%。武汉市常住人口增加 254.11 万人，位居第一，作为中部崛起主要城市和长江经济带的核心城市，武汉市有较强的人才吸引聚集能力。

通过精准扶贫和脱贫攻坚等一系列重要举措，2020 年湖北省贫困县全部摘帽，绝对贫困历史性消除。受疫情和整体经济环境影响，2020 年湖北省农村居民人均可支配收入为 16306 元，相对往年下降 0.5%，全省城镇居民人均可支配收入 36706 元[1]。

---

[1] 湖北省人民政府门户网站. https://www.hubei.gov.cn/jmct/hbgk/202103/t20210331_3440125.shtml.

第二节 湖北省自然灾害的特点

湖北省的自然灾害种类十分多样，主要变现出以下特征：自然灾害种类多、分布广、频率高、持续时间长，造成的经济损失严重。气象气候灾害往往导致城市内涝、洪水及次生地质灾害。其中，干旱、洪涝、地质灾害、风雹、低温冰冻是主要致灾因子。

一、种类多、分布广

湖北省自然灾害类型主要分为气象灾害、地质灾害和生物灾害三大类。其中气象灾害以洪涝、干旱、大风、冰雹灾害为主，地质灾害主要包括崩塌、滑坡和泥石流，生物灾害主要包括农林病虫害和森林火灾等，其他如地震灾害也偶有发生。

直接经济损失和受灾面积是自然灾害统计的主要指标，可以表征地区自然灾害的主要类型和严重程度。根据地区统计年鉴、民政数据库、地区社会经济发展公报等数据资料显示，2006—2019 年 14 年间湖北省自然灾害经济损失共计 2502 亿元，平均每年 178.71 亿元，除 2008 年雪灾影响外（低温冰冻和雪灾当年直接经济损失占比 51.4%），旱灾和洪涝、地质灾害每年占比均在 90% 左右（《中国统计年鉴》将洪涝、地质灾害和台风灾害归为一类统计，通常来说滑坡、泥石流是由洪涝引发的次生灾害）（图 3.1）。湖北省地震大多属于浅源地震，强度水平不高。以 2019 年为例，湖北省共监测到地震 81 次，其中小于 M1.9 级地震 75 次，没有 3 级以上地震。2006—2019 年地震累积造成经济损失 1.8 亿元，其中 2008 年 0.4 亿元，2011 年 0.2 亿元，2014 年 0.5 亿元，2017 年 0.7 亿元。

湖北省灾害形式多样，分布面积广泛，受地理环境、区域经济发展不平衡和人口密度等因素影响，灾害影响程度也有所不同。由表 3.1 可知，几种自然灾害类型中，旱灾和洪涝、滑坡、泥石流、台风灾害受灾面积最广，年度占比 60%～90%，大部分年度占比达近 90%，且这两大类型灾害

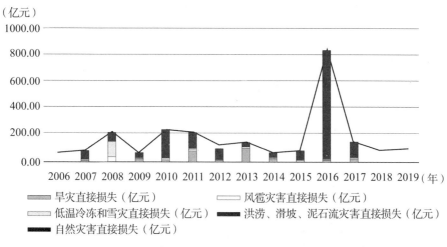

图 3.1 2006—2019 年湖北省主要自然灾害直接经济损失

数据来源：《中国统计年鉴》。

在各个年度呈现出不稳定的状态，如 2019 年旱灾受灾面积占比 80.67%，而洪涝、滑坡、泥石流和台风灾害占比为 15.32%；2016 年洪涝、滑坡、泥石流和台风灾害占比 68.23%，而旱灾占比为 12.47%，总体上呈现出此消彼长的态势，这两大类灾害也是湖北省自然灾害中分布最广、破坏性最强的灾害①。

在具体年份中，旱灾的受灾面积有一年超过了 1500 千公顷，而洪涝、滑坡、泥石流则有两年；旱灾的受灾面积有 5 年超过了 1000 千公顷，而洪涝、滑坡、泥石流则有 4 年；在受灾面积大于 500 千公顷的年份中，旱灾有 12 年，洪涝、滑坡、泥石流则有 10 年。值得注意的是，2008 年特大雪灾使得当年的低温冷冻和雪灾受灾面积达到了 2490 千公顷，这是近 15 年以来单种自然灾害受灾面积的极大值。就 2019 年而言，湖北省 77 个县市出现了气象干旱，70 个县市为重度以上干旱，其中 46 个县市为特旱，即除鄂西少数几个县市外全省大部分均发生重度及以上干旱，占总县市区的

---

① 彭红霞. 湖北省自然灾害防治及生态可持续发展[D]. 武汉：华中师范大学，1999.

87.5%。干旱影响范围仅次于 1966 年，是近 50 年来重旱以上县市最多的年份(表 3.1)。

表 3.1　　　**2005—2019 年湖北省自然灾害类型及受灾面积**

时间	旱灾		洪涝、山体滑坡、泥石流和台风		风雹		低温冰冻和雪灾	
	受灾面积 (千公顷)	占比 (%)	受灾面积 (千公顷)	占比 (%)	受灾面积 (千公顷)	占比 (%)	受灾面积 (千公顷)	占比 (%)
2005	771.00	31.63	900.40	36.94	137.20	5.63	628.90	25.8
2006	1089.10	50.43	277.70	12.86	246.00	11.39	546.70	25.32
2007	830.60	29.83	1348.00	48.41	100.80	3.62	505.20	18.14
2008	20.00	0.5	1179.90	29.29	337.90	8.39	2490.00	61.82
2009	591.90	32.4	832.40	45.56	164.30	9.02	238.00	13.03
2010	204.40	8.29	1998.90	81.07	33.30	1.35	228.90	9.28
2011	1205.40	46.72	891.10	34.54	160.50	6.22	323.00	12.52
2012	939.20	54.65	667.20	38.32	38.20	2.22	74.10	4.31
2013	1861.90	74.84	455.70	18.32	70.00	2.81	100.30	4.03
2014	633.50	59.83	293.60	27.73	48.80	4.61	82.90	7.83
2015	117.70	10.55	873.70	78.32	50.50	4.53	73.10	6.61
2016	341.90	12.47	1870.20	68.23	36.90	1.35	492.20	17.96
2017	626.70	43.61	692.70	48.2	41.00	2.85	76.70	5.34
2018	515.10	47.87	147.10	13.67	19.20	1.78	394.70	36.68
2019	1153.40	80.67	219.00	15.32	45.80	3.2	11.60	0.81

数据来源：《中国统计年鉴》。

综合整体来看，15 年间，洪涝、滑坡和泥石流灾害的受灾面积为 12736 千公顷，是所有自然灾害受灾面积之最，其次是旱灾，历年受灾面积总和也达到了 10964 千公顷，而低温冷冻和雪灾的受灾面积综合为 6930 千公顷，风雹灾害累计只有 1397.3 千公顷。从总量上看，洪涝、滑坡、泥石流和台风灾害是湖北省最为广泛的灾害。

其他如森林自然灾害以森林火灾和森林病虫鼠害为主。由图 3.2 中可知，森林最严重的灾害是森林虫害，年平均受灾面积 287.48 千公顷。森林火灾受灾面积和森林鼠灾受灾面积的量级与其他两项均有差距。

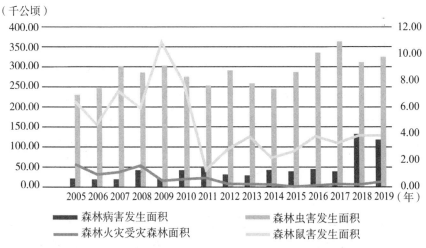

图 3.2　2005—2019 年湖北省森林火灾及森林病虫鼠害受灾面积

数据来源：《中国统计年鉴》。

二、频率高、持续时间长

据文史资料记载和统计数据，湖北省每年都有灾害发生，灾害发生的频率高，持续的时间长。以洪涝、干旱灾害为例，从公元前 3 世纪到 1949 年的 2200 年间，湖北省境内洪涝、干旱灾害共计 551 次，期中洪涝 337 次，旱灾 214 次。越到近代，洪涝干旱灾害越频繁，清代的 268 年间，发生洪涝干旱灾害 154 次，中华民国的 38 年间，洪涝干旱灾害 33 次，每 1.12 年发生 1 次。1940—1992 年，长江流域有 59 年发生洪水，其中发生在中游地区的有 43 次，长江中游地区受到洪水灾害袭扰的年份比例达到 73%①。

---

①　施雅风，姜彤，苏布达，等.1840 年以来长江大洪水演变与气候变化关系初探[J].湖泊科学，2004，16(4)：289-297.

　　湖北省干旱灾害也比较严重，据统计数据显示，1949—1990 年的 41 年间，每 3.4 年发生一次旱灾，共计 12 次。1978 年湖北省遭受严重旱灾，全省 1~9 月除鄂西山区降雨接近正常外，其余大部分地区受旱时间长达 200 天，从 4 月农忙开始一直持续到 10 月下旬，平均降雨量比正常年份下降 3~4 成，受到严重影响的县达 68 个，尤以武汉、孝感、咸宁、黄冈、黄石、十堰等地区最为严重。

　　2012 年，湖北省随州市遭受 60 年一遇特大干旱，是有水文气象记载以来降雨量最少、蓄水量最少、旱情最严重的一年。灾害造成全市 52 多万人和 16 万多头牲畜面临饮水困难，全市 466 条河流中 75% 的河流断流，489 座水库中接近死水位或已到死水位的占 70%，农作物绝收面积占总面积的 68%。此次随州旱灾持续时间长，影响范围广，属湖北省历史罕见。

　　2019 年，湖北出现持续高温天气，降水异常偏少，7 月下旬至 10 月上旬，全省高温日数 31.7 天，居于历史同期第 1 位；平均降水量较常年同期减少 6.2 成，仅有 114.6 毫米，排历史同期倒数第二位；重度以上气象干旱日数全省平均 43 天，大部分地区蒸发量远大于同期降水量，中东部地区蒸发量超过降水量的 3 倍以上，有 144 条河流断流，795 座水库低于死水位。鄂东大部分县市、江汉平原南部县市重度以上气象干旱日数在 60 天以上，其中云梦、英山、罗田分别持续 119、118、106 天，与近 70 年来持续时间最长的伏秋连旱年（1966 年）相比还要多 10 天。持续高温、降雨偏少、蓄水不足、蒸发量大等因素叠加，出现了湖北省历史同期少见的伏秋连旱，严重影响作物生长并导致人畜饮水困难。

　　受强降雨和脆弱地质环境影响，湖北地质灾害也较为严重，20 世纪 90 年代以来，全省累计发生各类地质灾害 18393 起，2000 年以来累计发生 13031 起，经核查，截至 2019 年底，湖北省地质灾害隐患点 14775 处，分布于省内 99 个市（县、区）。由图 3.3 可知，湖北省主要地质灾害类型为滑坡、泥石流、崩塌、地面塌陷，其中以滑坡灾害次数最多。受强降雨影响，2010 年和 2016 年出现了滑坡次数的较大值，从 2007 年起滑坡地质灾害的发生次数有明显的下降趋势。

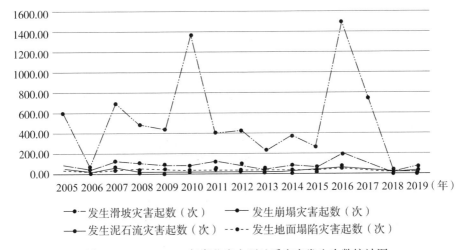

图 3.3 2005—2019 年湖北省主要地质灾害发生次数统计图

数据来源：中国第三产业数据库。

第三节 湖北省自然灾害的时空分布

自然灾害的分布受地理条件和气候因素的影响。综合来看，降雨是湖北省各类自然灾害的重要致灾因子。当降雨量偏少，又持续晴热，势必会引起旱灾；但降水量过大，历时过长，又可能引发洪涝灾害。

湖北省降雨量最多的地方是鄂西南的大部，即湖北省恩施土家族苗族自治州、宜昌市西部以及神农架林区；鄂南和鄂东南的小部，即湖北省咸宁和黄石交界以及黄冈的英山县和蕲春县。相对降雨量最少的是鄂西北的十堰和鄂北的襄阳市。

一、时间分布

湖北省的多数灾害受季节影响较大，这是因为全省的降雨量及强度也是随着月份在不断变化，由降雨作为典型影响因子的相关灾害便随着波动（图 3.4）。

49

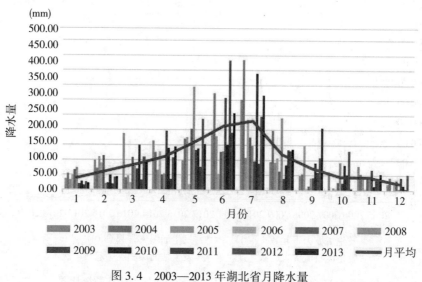

图 3.4　2003—2013 年湖北省月降水量

　　总的来说，灾害基本上按月份或季节分布。对于旱灾，四季均有发生，但是量级差距较大，7~9 月频率最高，量级最大（旱期长、旱区广、灾损大），如 2012 年随州市特大旱灾，2013 年荆门市京山县干旱以及 2019 年湖北省大面积伏秋连旱；3~6 月与 9~10 月次之；秋冬季大旱频率低，但是受灾面积广大。对于洪涝灾害，梅雨季节较重（6~7 月），而盛夏时节洪涝多发。在降雨量最丰富的 5~8 月，为洪涝多发期，梅雨季节对于土质松软的坡地、承载性较弱的山区，极易发生泥石流、滑坡和山洪。大型火灾易发生于干燥的秋冬两季。

二、空间分布

　　自然灾害的空间分布与地理因素有着密切的联系。湖北地形地貌极其复杂，地质环境复杂多样，水文条件和人为因素都会引发自然灾害。首先，洪涝灾害沿江河分布，易发生在小型河流的中下游河谷和地势低洼的冲积平原，严重的洪涝灾害主要发生在宜昌以下的长江沿岸低洼地区，特别是荆江河段。滑坡灾害的易发生区是江河峡谷的风化剥落山坡以及全省四大山地板块，受强降雨影响本身稳定性较差的坡体以及人为形成的坡体结构。

北纬 31°和东经 112°是湖北省南北和东西的气候过渡带，因此也是气象灾害的重要界线。例如春夏干旱(3~6 月)大体呈纬向分布：北纬 31°以北春旱区，包括十堰市郧阳区和襄阳市及荆州、孝感和黄冈北部，20 年间频次 9~15 次，平均 2 年 1 次至 10 年 7 次；北纬 31°以南的鄂西南及鄂东南春夏干旱少，大多数 1 年 0~2 次；介于上述两区之间的东西狭长地带是过渡区，大多数 1 年 3~5 次。湖北省春季阴雨亦呈纬向分布，北轻南重：平均 9 天或 9 天以上的阴雨，北纬 31°以北，每年 5~7 次；北纬 31°附近 10 次左右；江汉平原南部 15 次左右；鄂东南、鄂西南达 20~30 次。秋季阴雨经向分布也相当明显：鄂西山区阴雨频次多，9 天或 9 天以上的阴雨达 29 次之多而且阴雨时间长、雨量大，9 月多于 10 月；而鄂东频次少、时间短，平均 7 次，且 10 月多于 9 月。

据地震活动性研究表明，湖北西部地区的地震活动频率和强度均明显高于东部地区。1959—1978 年 20 年间各地区干旱分布：鄂西南 10~15 次，为全省最少区；鄂东南、鄂南沿江 20~25 次；荆门、大洪山周围地 30 次左右；鄂西北经襄阳至鄂东北一线 35 次左右，为全省最多区。20 年间，各地洪涝分布规律是：鄂西北 5~10 次，为全省最少区；江汉平原 10~20 次；鄂东北、鄂西南和鄂东南 20~30 次，为全省多涝区①。

第四节　湖北省自然灾害的耦合影响和趋势

一、耦合影响

湖北省地处亚热带季风区，降雨充沛，自然地理和环境条件良好，资源丰富，经济实力位于全国省份中上梯队，比世界上其他位置的同纬度地区的环境更为适宜。但是，由于各种因素的影响，荆楚大地也是饱受严重

---

① 陈书军，刘毅，姜惠明，翁立馨，桂东伟，孙怀卫，廖卫红，严冬. 湖北省降雨和洪涝特征时空变化规律分析[J]. 排灌机械工程学报，2019，37(3)：248-255.

的自然灾害影响。在地球这个大系统中，各个圈层之间存在着复杂的物质、能量、信息的交换。正是因为这种相互作用、相互影响、相互联系，使得各种自然灾害的发生往往涉及其他灾种，最终使得灾害的影响扩大，这就使得各种灾害的发生具有突变性和不确定性。

按照致灾因子论，大气圈、水圈、岩石圈、生物圈构成一个系统，那么系统中的承灾体内部就具有一定的稳定结构，这个有序结构决定了整个环境的承载能力。那么系统内的致灾因子在特定的孕灾环境下，打破了这种有序的结构，超过了承灾体的承受能力，就一定会产生灾害，根据系统论，一旦系统内有部分产生变化，那么与之相连的部分也会发生相应的改变去维持系统的平衡。因此，单种灾害的发生在一定程度上确实会引起其他特征的渐变或突变。这也是灾害系统整体性和关联性特征。举例来说，大风与暴雨相伴发生；连绵阴雨或是洪涝灾害后可能会引发疫情的爆发；地震会诱发地陷、滑坡和岩崩，有时还会造成堰塞湖。

湖北省的自然灾害类型多样，种类复杂，但无论是地质灾害，还是生物灾害，都与降水有着很大的关系，从英山县的降雨与地质灾害发生关系图(图3.5、图3.6)中，可以得到地质灾害的发生频率跟降雨强度和频率呈正相关。

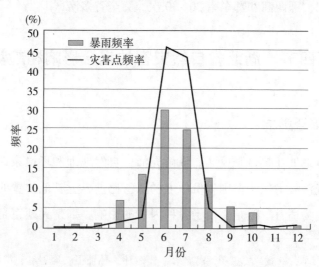

图3.5　湖北省英山县某年份月降雨量与地质灾害关系

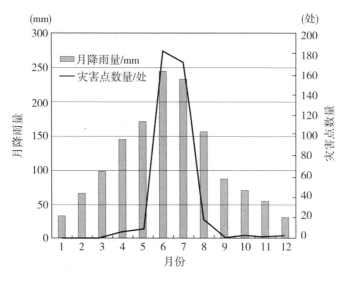

图 3.6 湖北省英山县某年份暴雨频率与灾害点频率关系

除去量级和频率外，连续降雨的时间长短对于地质灾害的发生和血吸虫病以及森林的病虫害也有着直接的关系。

自然灾害与自然灾害之间的耦合关系是研究自然灾害不可缺少的一方面，另一方面，自然灾害与社会因素和环境的耦合关系也是研究自然灾害社会性的重要层面，如图 3.7 所示。一般来说，人类和自然的活动为环境不断施加压力，但环境本身对于人类的社会活动、自然的圈层活动、自然灾害的发生有着一定的抑制作用，它约束着人类和大自然的活动，控制致灾因子存在于一个稳定的范围内，来胁迫灾害不发生。当人类与自然的活动性超过环境的承受能力，即环境自身的修复性的时候，环境将会以不可逆的灾害行为释放压力，灾害对承灾体的破坏就会对人类社会产生不可抗的损失，这种能量的释放会使得三者之间再次达到平衡。

二、明显趋势

湖北省历史上洪、旱灾害经历了少灾时期、增多时期与多灾时期三个阶段，灾害的频率与量级呈增多趋势，见表 3.2。

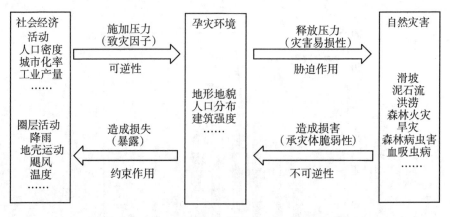

图 3.7　自然灾害与社会因素、环境的耦合关系

表 3.2　　　　　　　　　湖北省历史洪涝、旱灾灾害的重现期　　　　（单位：年）

时间	东汉	魏晋南朝	唐	北宋	南宋	元	明	清	民国
洪涝	8.43	8.71	7.96	5.68	4.20	1.93	1.63	1.1	1.06
旱灾	11.5	19.50	11.95	7.57	3.26	2.78	1.78	1.61	1.88

就灾害重现期来看，洪、旱灾害几乎年年都会发生，因此再通过重现期和频率来对洪、旱灾害进行研究不会具有太大的实际意义。从表 3.1 中可以明显地看出近 15 年内各项自然灾害（除洪涝、干旱）的发生频率趋于稳定，并且有略微下降的趋势。

从图 3.8 的线性趋势中可以看出，除旱灾外，洪涝、滑坡和泥石流，风雹灾害，低温冷冻和雪灾的受灾面积的趋势都是与时间呈负相关的，即随着时间的推移，这三类自然灾害的受灾面积是减少的，而旱灾趋于水平状态，2008 年中国南方雪灾，湖北省受灾严重，雪灾面积出现了 15 年内的极值①。

对于干旱灾害，2013 年和 2019 年受灾严重，2019 年湖北省出现 70 年

① 张玉，陈铁林，任伟中，张玉军. 湖北省地质灾害发育环境和防治区划现状研究[J]. 灾害学，2018，33(3)：37-42.

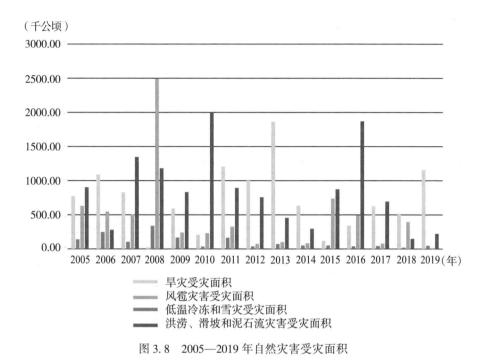

（千公顷）

图 3.8　2005—2019 年自然灾害受灾面积

来最严重的伏秋高温连旱，旱灾造成 17 个市（州、林区）74 个县（市、区）990.53 万人受灾，农作物受灾面积 1139.07 千公顷，直接经济损失 64.18 亿元。而 2010 年和 2016 年湖北省洪涝灾害和地质灾害严重，防汛抗旱的趋势分析需要以气象资料与水文数据为基础开展。

　　从整体上看，湖北省自然灾害的受灾情况虽然比较严重，但总体趋于稳定，这表明前一时期自然灾害的防治工作取得了一定成效。从图 3.9 中可知，湖北省自然灾害的受灾面积、受灾人口、死亡人口等都是呈下降趋势的。对于自然灾害的直接损失，2006—2010 年大致呈上升趋势，2010—2015 年则呈现下降的态势，2016—2019 年也是呈下降的趋势。这表明从整体上自然灾害的直接损失也是呈下降的趋势，但是在 2016 年发生了跳跃式增长。2016 年的跳跃式增长自然是由 2016 年的特大洪水造成的，这在另一个侧面也表达了目前对于大灾、巨灾的风险应急能力尚比较欠缺，尽管大灾发生的频率较低，但是，江、汉两大水系的灾害的潜在风险依旧是巨大的。

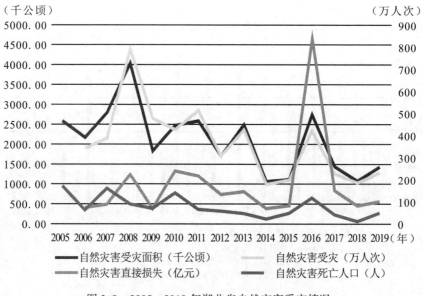

图 3.9 2005—2019 年湖北省自然灾害受灾情况

第五节 湖北省自然灾害的成因分析

一、自然原因

1. 地质环境因素

湖北省地处长江中游地区，全省东北西三面环山，中间低平，地势呈向南敞开的盆地，全省总面积 18.59 万平方千米，东西长 700 余千米，南北约 450 千米。

湖北省西北部为武当山和秦岭东延部分，西部和西南部为武陵山余脉和大巴山、巫山东段所构成的中山及低山区。区内山高林密，地形陡峭，武当山地区、神农架地区大多为变质岩和岩浆岩，其余广大地区主要为碳酸盐岩、页岩和砂岩，宜昌市保康县、兴山县、远安县也是我国主要磷矿富集区。东部地区边缘和部分盆地中以碎屑岩为主，北部地区多为褶皱。区内地质构造复杂，斜坡稳定性较差，常发生滑坡、崩塌、泥石流以及零星地震。

中部平原主要由江汉平原、南襄盆地平原南部和襄阳-钟祥河谷平原组成，江汉平原系长江、汉江冲击而成，区内河流交叉纵横、湖泊星罗棋布，该区主要为武汉城市圈，是我国重点粮棉产区，由于水环境影响，成为以血吸虫病为主的生物圈灾害严重区。

中东部低山丘陵区，面积 57674 平方公里，主要包括桐柏山、大别山、大洪山和东南省界上的幕阜山以及山地向平原过渡的丘陵地区，该区域的黄石、鄂州、大冶等地是湖北省主要铁矿、金矿、铜矿生产基地。该区域变质岩和碎屑岩分布面积达 80% 以上，常年受到自然侵蚀、风化，水土流失严重，容易诱发滑坡、崩塌等地质灾害，武汉、黄石碳酸盐岩岩溶发育，容易导致地面塌陷等。

根据湖北省县（市）地质灾害调查与区划成果，湖北省地质灾害高易发区 9 个，中易发区 7 个，不易发区 3 个。其中，高易发区主要分布在鄂西北中低山区、鄂西山区、鄂西中低山区、鄂西南山区、鄂东南丘陵山区、鄂东南低山丘陵区。地质灾害中易发区 7 个，主要分布在鄂西、鄂西北和鄂东北、鄂东南地区，其中京山县、鄂东北地区容易发生因人为和自然因素诱发的较大崩塌地质灾害；鄂西中低山向鄂中丘陵、平原过渡地段，鄂西北中低山区容易发生滑坡、崩塌、地面塌陷地质灾害；鄂中的武汉、蔡甸、江夏容易发生人为因素诱发的岩溶地面塌陷。

2. 气候因素

受全球气候变暖的影响，使得中高纬度降水增多，也控制着湖北的自然灾害发生格局。湖北省属于典型的亚热带季风气候，降水主要由内陆气流与海洋气流交汇形成，雨量丰沛。受季风气候影响，具有明显的地区、年度、月度差异。

从地区来看，随着冬夏季风的交替，降水量从北向南逐渐增加，下雨的比例也不断加重，年均降水量由 800 毫米增加到 2000 毫米，南北比例达到 3：1，每年 5-8 月的降水量占年总降水量的 5~7 成[①]。气象因素与水系

---

① 唐文雅，叶学齐，杨宝亮. 湖北自然地理［M］. 武汉：湖北人民出版社，1980.

条件结合，极易发生流域性的洪涝灾害。梅雨季节常常发生大面积降雨，由于三面环山，中间低平的地势不仅有山洪，还可能形成内涝，使得灾情更加严重。

从历史灾情数据看，湖北几乎每年都有旱灾发生，只是有些年份旱灾的影响范围和灾情程度不同。在干旱年份，气象条件主要受到副热带高压势力控制，一般 7 月中旬副热带高压就已经控制整个长江中下游地区（有的年份甚至开始于 6 月底 7 月初），而北半球大陆北纬 40°～50°盛行的较强东西向纬圈环流对南下的冷空气产生阻滞作用，使得冷暖空气无法交汇，难以形成降雨带。此阶段持续晴热、温度高、蒸发量大就容易导致干旱甚至伏秋连旱发生。

3. 水系条件

湖北省境内河流纵横、湖泊星罗棋布。长江在湖北境内流经 7 个市州，总长 1062 公里，比下游五省份江段加起来还要长。汉江是湖北省内长江最大支流，除汉江外，还有大小河流 4000 多条，其中 100 千米以上河流有41 条，境内 1 平方公里以上的湖泊有 326 个（2000 年），现在仅有 200 多个，主要包括洪湖、梁子湖、长湖、斧头湖、西凉湖、龙感湖、牛山湖等。

湖北省内长江、汉江、清江等河流支流众多、流域面广、过境客水量大，降雨时空分布不均是洪涝灾害、地质灾害频繁的主要原因，平均每年有近 136 万平方公里客水流经湖北，年均过境客水流量达到 6338 亿立方米，相当于省内径流的 6.7 倍①。来自上游的巨量洪水对省内长江沿岸及库区造成了重大危害，由于受到地貌特性的影响，形成了众多洪涝区，特殊年份还会形成大灾（如 1954 年、1998 年洪灾）见表 3.3。

清江流域横穿湖北省西南山区，自西向东流经恩施、宜昌 10 个市县，全长 423 千米，落差达 1430 米，流域面积 17000 平方千米。清江流域属于

---

① 施雅风. 中国自然灾害灾情分析与减灾对策［M］. 武汉：湖北科技出版社，1998.

典型的山溪性河流，一般情况下雨洪同期，洪峰陡涨陡落，极易引发滑坡、崩塌、泥石流等自然灾害。

表 3.3　　　　　　　　沿江地面高程与洪水位比较

地点	长江			汉江	
	沙市	汉口	武穴	沙洋	汉川
历史最高水位(m)	45	29.73	23.14	44.5	31.51
附件堤内地面高程(m)	32~34	24~27	17~20	35~37	25~26

二、人为原因

人类在向自然索取资源的同时也伴生着各种潜在风险，如气候变暖、水土流失、湖泊面积减少、生态环境脆弱、不良地质条件加剧等。湖北素有千湖之省的美誉，省内的河流湖泊对生态环境有着十分重要的调蓄作用，雨季可短时蓄洪消减、滞后洪峰，夏季可供灌溉、饮水等。但中华人民共和国成立后的几十年中，由于人类不合理地利用开发、围湖造田、围湖造地等，省内湖泊数量发生了明显变化，主要表现为萎缩、消失、分离等①，见表 3.4。

表 3.4　　　　　　　　1975—2017 年湖北省湖泊变化

年度	1975	2000	2017
湖泊个数	868	823	808
面积(km²)	2906.84	2779.96	2776.96

近年来，人们逐渐意识到生态发展、绿色发展的重要性，采取了退耕

---

① 黄燕，杨娟，陈有明. 湖北省湖泊现状与变化遥感研究[J]. 华南地质与矿产，2019，35(2)：270-276.

还林、退耕还湖的保护措施，省内湖泊面积有所增加，但相当于中华人民共和国成立初期的湖泊面积仍难以短时间内恢复，这也是造成旱涝灾害的主要人为原因之一。另外，对森林的乱砍滥伐、开垦荒地等导致森林面积减少，也造成了植被破坏、土壤裸露，水土流失严重。城市化进程和交通工程的建设，建厂、建房开挖山体，破坏斜坡稳定性，不适当开垦农田使雨水下渗软化岩石，也是形成地质灾害的人为原因。

第四章　基于 HOP 模型的湖北省自然灾害区域脆弱性评估

第一节　区域脆弱性评价方法

目前，国内外脆弱性理论模型主要有 R-H 理论模型、DEA 法、PAR 模型、HOP 模型等。

R-H 理论模型由 Burton 等人提出，该方法通常用于评价自然灾害对某一区域的影响，着重点在于承灾体与致灾因子以及致灾因子与灾情之间的关系，对社会政治、经济因素对自然灾害的影响考虑相对较少。

DEA 法即数据包络分析法，该方法是美国运筹学家 Charnes 和 Cooper 提出的，是一种新的用于评价相对效率的系统分析方法。DEA 法常用于解决公共交通、产业效率、城市发展等邻域的问题。目前，已有学者将 DEA 模型用于自然灾害脆弱性的研究，它从"投入-产出"的角度分析自然灾害系统，以区域自然灾害的成灾效率为指标，区域自然灾害的成灾效率越高，则认为该区域的脆弱性越大。DEA 模型不需要预先估计权重参数和函数模型，能够避免主观因素的影响，提高脆弱性评价的客观性，但对区域致灾因子以及孕灾环境的不同特性考虑不足，具有一定的局限性。

PAR 模型由 Blaikie 等人提出，旨在从自然灾害的根本原因出发，对区域脆弱性进行评估。该模型注重社会因素对区域脆弱性的影响，认为是社会因子在一系列作用下形成了脆弱性，且脆弱性的大小由人类自身利用已有资源防灾、减灾、救灾的程度所决定。它认为社会经济和个人特征对灾害导致的脆弱性起到了关键性的作用。PAR 模型以社会脆弱性的研究为主，忽略了人类社会系统与自然系统之间的相互联系，缺少对自然系统的物理脆弱性的分析，将社会脆弱性和物理脆弱性分离，不具有综合性①。

　　本书选用了 HOP 模型，从自然灾害的特点、分类等因素入手，建立评价指标体系。HOP 模型即灾害-地方模型，该模型由 Cutter 提出，Cutter 认为脆弱性科学应该是建立在地理学、社会学和人类学基础上的综合学科，以某一地区或者某一事例为例，一方面分析环境暴露在灾害中的程度，即物理脆弱性，另一方面分析人类社会应对灾害的能力，即社会脆弱性，通过二者数据相乘，最后得出该区域的脆弱性。HOP 模型综合考虑了影响自然灾害的物理因素和社会因素，更适合对区域脆弱性进行分析②。

第二节　区域脆弱性现状

　　湖北省在气候条件上以雨热同期且降水丰富为主，加之地形地貌复杂，人类实践活动频繁，属于自然灾害多发易发省份。湖北省的自然灾害相较于全国其他地区的典型特点是分布区域范围广泛，并且各类自然灾害均有发生，这就使得全省尽管在投入较大人力、物力和财力的情况下，仍然呈现出一定的脆弱性。

一、物理脆弱性

　　湖北省自然灾害以种类多、分布广、频率高、持续时间长为特点。干旱和洪涝及次生地质灾害是最主要的致灾因子；地质灾害中滑坡、泥石流、崩塌等发生频率较高；除此之外，风雹灾害、低温冷冻和雪灾、森林

　　① 杨俊，向华丽. 基于 HOP 模型的地质灾害区域脆弱性研究——以湖北省宜昌地区为例[J]. 灾害学，2014，29（3）：131-138.

　　② 刘杨. 基于 HOP 模型的河北省区域脆弱性研究[D]. 长春：吉林大学，2017.

火灾和病虫害也时有发生且危害较大。由此可见，湖北省物理脆弱性仍然较高。

就湖北省自然灾害的分布特点来看，洪涝灾害沿两大水系的中下游分布，严重的洪涝灾害主要发生在长江宜昌以下的沿岸地段，其中以荆江河段为主。干旱灾害主要与地区降水量密切相关。以2019年为例，湖北省降水与历史同期相比明显减少，其中中东部地区减少50%、鄂东大部分地区减少75%，降雨少而蒸发量大，导致2019年湖北出现70年以来最严重的伏秋高温连旱。

洪涝和地质灾害是湖北省主要自然灾害类型之一。2019年，湖北汛期大范围降雨17场，全省发生地质灾害84起，其中崩塌11起，滑坡65起，地面塌陷7起，泥石流1起；从发生地区来看，十堰29起，黄冈15起，恩施7起，咸宁7起，黄石6起，武汉6起，鄂州5起，宜昌5起，随州2起，荆门1起，神农架1起。（数据来源：湖北省自然资源厅）

湖北省森林火灾主要发生在冬春季，大多为人为引起，这跟林区耕地、居民和林地交错分布相关联，由于山区林地地形复杂，山高坡陡，沟壑纵横，一旦发生火灾，扑救难度较大。2019年，湖北省共发生森林火灾144起，受害森林面积330.8公顷。

此外，低温冰冻、风雹、农林病虫害等自然灾害每年均有发生。受强对流天气影响，2019年湖北大风冰雹灾害农作物受灾面积46.23千公顷，其中绝收面积5.27千公顷；低温冰冻灾害主要发生在鄂西北、鄂西南山地区，大别山区，2019年低温冰冻造成宜昌5个县市区13.57万人受灾，农作物受灾面积11.57千公顷；农业病害主要以小麦条锈病、马铃薯晚疫病、赤霉病为主，虫害以水稻稻飞虱、稻纵卷叶螟等为主。

二、社会脆弱性

(一)人口

根据国家统计局发布的第七次人口普查公报显示，湖北在第七次人口普查中的人口为 57752557 人，城镇化率达到 49.7%，人口自然增长率为 4.27‰，其中男性比例为 51.42%，女性比例为 48.58%，全省常住人口中 0~14 岁人口比例为 16.31%，15~59 岁为 63.26%，60 岁以上为 20.42%，65 岁以上为 14.59%。同第六次全国人口普查数据相比，常住人口增加了 514830 人，城镇化率达到了 61%，65 岁以上人口占比增加了 5.5%，14 岁以下人口占比增加了 4.08%。由此可见，老人、儿童等弱势群体所占比重较大，这些人口因子对提高脆弱性有一定程度的影响，但与此同时，义务教育的普及、受教育程度等因子有利于降低脆弱性。

（二）经济

根据 2019 年湖北省国民经济和社会发展公报的资料，湖北省 2018 年生产总值为 39366.55 亿元，增长 7.55%，占全国的 4.37%，人均生产总值为 66616 元，相当于全国的 103.05%，城镇居民人均可支配收入为 34455 元，略低于全国水平，相当于全国的 87.78%；而农村居民可支配收入为 14978 元，略高于全国水平，相当于全国的 103.47%。2020 年湖北省贫困县全部摘帽，绝对贫困历史性消除。这些数据表征脆弱性得到一定程度的降低。

（三）制度措施

近年来，湖北省不断完善和发展相关制度，并取得了一定的成就。在发展上推进区域协调发展，构建"一主引领、两翼驱动、全域协同"的发展布局，有利于协调全省发展态势，发挥先头城市的驱动作用，更好地带动全省经济更快发展；在市场上深化供给侧结构性改革，扩大内需，打通国内大循环和国内国际双循环，充分释放国内市场潜力；推进城镇化发展和乡村振兴相互促进，全省常住人口城镇化率达到 65%；建立健全现代基础设施体系，推进"江河湖库"系统治理，提高长江重要支流数十年一遇防洪标准，优化水资源配置，践行绿水青山就是金山银的发展理念，全省森林覆盖率达到 42.5%；优先优质发展教育事业，提高教育经费保障；全面实行基本医疗，提高人民健康水平；加大社会保障力度，持续推进全民参保计划。2020 年湖北省人大审议地方性法规 8 件，指定、修改、废止政府规章 6 件，办理人大代表建议 644 件、政协提案 689 件。制度上的保障和相关政策的落实在经济上为湖北省的经济发展注入了新的活力，在一定程度上降低了社会脆弱性，此外，这些制度措施的最终落脚点在提升人民的幸福感，因此必将在民生上做出改善，极大地降低地区社会脆弱性。尽管如此，由于湖北各项情况复杂，仍有许多可以加强改善的地方。

（四）基础建设

近年来，湖北省的基础建设有了长足发展。湖北省仅 2020 年就完成了棚户区改造 9.1 万套、农村危房改造 7.5 万户，让更多群众圆了安居梦。过去的几年，脱贫攻坚取得决定性胜利，大大提高了贫困地区对自然灾害的抗击能力。长江经济带"双十"工程全面推进，15 个专项战役、近百个绿色发展重大项目卓有成效。高速公路通车达到 8000 公里，高铁营业里程达到 3000 公里，实现新能源千万千瓦、外电输入千万千瓦、电网建设千亿元、油气管网千公里、煤炭储备千万吨的"五千工程"。2020 年建成 5G 基站 1.3 万个，新增农村公路 3.3 万公里，极大地提升了农村地区的抗灾能力。基础设施的建立大大降低了湖北省的社会脆弱性，极大地提升了全省对于自然灾害的韧性，尤其是原来脆弱性较高的贫困地区和农村地区。随着社会的发展，基础设施的建设必将更上一层台阶，这对于湖北省防灾减灾救灾网络的建立有极大的推动作用。

尽管在各方面颇有建树，但也清醒认识到，在全面小康建设方面，巩固脱贫攻坚成果、污染防治、风险防控任务繁重，实现全面小康仍有短板弱项。在经济发展方面，外部环境不利因素和结构性、体制性、周期性问题叠加，市场预期偏弱，稳增长压力加大；全面深化改革任务艰巨，高水平开放短板明显，部分市县财政运转困难。在社会民生方面，公共服务、民生保障等与人民群众期盼还有差距，农民持续增收困难。因此，相对防灾减灾救灾工作要达到的要求还相去甚远。

第三节　数据资料选取

一、数据源

本书以湖北省全省 103 个县级行政单位(县、区、自治县、县级市)为样本，在人口数据上，选择的是第七次人口普查的数据，而对于其他的数据类型，则选择更为全面的 2018 年的各项数据，在数据处理上，由于数据统计困难，将一些行政区域面积较小但数据不全的区级单位进行了合并，使得数据的真实性和完整性得以把握。

数据来源：本书所需数据来源大多为统计年鉴，一小部分来自各县市区的统计信息公报。第一，物理脆弱性数据来源于湖北省自然资源厅信息公开的综合数据、湖北省国土资源厅的《湖北地质灾害防治规划》、湖北省 13 个地级行政区 2019 年统计年鉴，以及 2018 年各类气候事件报道。第二，社会脆弱性数据中的人口数据中常住人口、人口增长率和人口密度均来自湖北省 13 个市州以及 3 个省管县级市的统计年鉴，而 14 岁以下人口比例和 65 岁以上人口比例和男女比例来自第七次人口普查的数据；在经济方面，农村、城镇居民人均可支配收入数据中的小部分来自县市(区)的政府信息公报，大部分人均可支配收入数据和财政收入、地方一般公共预算收入、建筑业总产值、生产总值等数据来自各市州的统计年鉴。在医疗卫生方面，医疗机构数、卫生医疗人员数、医疗卫生机构床位数同样大部分来源于各市州的统计年鉴，小部分来自各县区的政府信息公报。社会公共事业中的社会福利相关的社会福利性单位数和社会福利性床位数以及行政区划的乡镇、街道办事处数和规模以上工业企业单位数和固定电话数均来自县域统计年鉴。

数据筛选。第一，个案的选择，103 个县市(区)中有部分城市数据缺失或者不够准确，由于缺失数量不多，故没有在县市上进行删除；第二，指标的选取，是从卡特提出的 42 个指标中选取 23 个，并对其指标进行改进，其中规模以上工业企业单位数和固定电话数两个指标，由于缺失值太多，以及随着时代的发展，其对区域社会脆弱性的代表程度不够，因此被删除，留下 20 个指标。在此，本书选取 50 个县市的部分因子作为例子，展示最初的统计数据(见表 4.1)。

二、数据的缺失值处理

由表 4.1 可知，论文搜集的数据中，一部分数据并不完整，为了保证数据的有效性和完整性，对于 103 个案例中个别变量上的缺失值，本书采用直线回归差补法进行处理。将缺失值作为因变量，其他相关属性作为自变量，利用二者之间的关系建立起回归模型，从而预测缺失值，完成对缺失值的差补。对于不能采用差补法得到的数据，在进行数据标准化后，采用 0.01 来代替原来的空缺处(不影响后续计算结果，并简化相应步骤)。

三、数据的标准化处理

由表 4.1 可知，本书的 23 个(后删减为 20 个)变量的量纲和量纲单位不尽相同，例如地区常住人口单位是万人，而人均可支配收入单位是元，地方公共预算单位是亿元。为了防止影响最终的分析结果，对原始数据进行了标准化处理，先将数据转化为无纲变量，使各个指标处于一个量级，然后对数据进行分析。由于数据较多，因此选取了删补之后，做过标准化处理的前四个市州的数据作为展示(见表 4.2)。

本书使用的是 SPSS 数据标准化方法，也就是 Z 得分法，基于原始数据的均值和标准差进行数据的标准化。公式为：

$$x^{\alpha} = \frac{x - u}{\sigma}$$

表 4.1　本书因子分析部分数据

地区		常住人口（万）	人口密度（人/平方千米）	人口增长率（%）	14 岁以下人口比例（%）	65 岁以上人口比例（%）	男性比例（%）	农村居民人均可支配收入（元）	城镇居民人均可支配收入（元）	财政收入（亿元）	地方一般公共预算收入（亿元）
武汉											
	江岸区	96.27	11992	0.03	12.9	15.21	49.76		48158	107.03	107.03
	江汉区	72.97	25794	-0.14	11.54	13.14	50.6		48482	136.51	136.51
	硚口区	86.87	21685	0.03	11.76	14.07	50.52		40108	69.62	69.62
	汉阳区	66.42	5955	1.13	13.44	12.33	51.48		43946	100.39	100.39
	武昌区	128.28	19864	0.36	11.58	14.64	50.21		48227	149.12	140.74
	青山区	52.89	9259	-0.96	11.3	17.93	51.58		43202	100.39	57.41
	洪山区	167.73	2926	2.63	10.76	8.09	51.84		46247	260.83	111.13
	东西湖区	58.48	1181	4.17	14.33	9.49	53.3		41125	113.11	113.11
	汉南区	13.58	473	1.27	13.69	7.64	54.77	22023	41637	166.72	166.72
	蔡甸区	76.16	697	4.41	14.67	14.62	52.52	20970	35337	35.54	35.54
	江夏区	96.2	477	5.29	13.63	8.42	52.78	21490	35048	80.34	80.34
	黄陂区	101.19	448	2.49	15.33	14.96	51.76	21010	35112	64.48	64.48

续表

地区	常住人口（万）	人口密度（人/平方千米）	人口增长率（%）	因子			农村居民人均可支配收入（元）	城镇居民人均可支配收入（元）	财政收入（亿元）	地方一般公共预算收入（亿元）
				14岁以下人口比例（%）	65岁以上人口比例（%）	男性比例（%）				
新洲区	91.06	622	0.94	15.31	14.95	52.51	20197	32440	42.49	42.49
黄石										
黄石港区	23.34	7780	-2.1	14.91	14.63	48.97	17886	40548	12.87	7.72
西塞山区	23.7	2330	-1.62	14.1	17.88	50.91	14570	31918	11.98	6.82
下陆区	18.36	2675	0.54	14.54	13.37	51.33	16035	38428	12.35	7.42
铁山区	5.48	2010	-3.6	11.41	20.59	50.75	14754	36064	3.22	2.01
大冶市	83.49	533	0.02	21.7	12.08	52.92	19835	39189	73.91	45.01
阳新县	74.36	270	1.21	27.83	10.69	52.09	11950	26059	24.34	16.6
十堰										
茅箭区	42.62	795	0.26	17.34	8.46	49.45		34473	22.7	11.75
张湾区	39.37	599	-0.08	16.35	11.25	51.85		34900	24.47	9.05
郧阳区	57.26	149	-0.31	18.63	17.47	52.27	10272	28016	16.8	10.08
郧西县	43.26	123	-0.69	20.26	16.54	51.48	9916	26661	7.2	4.7

续表

地区	常住人口（万）	人口密度（人/平方千米）	人口增长率（%）	14 岁以下人口比例（%）	65 岁以上人口比例（%）	男性比例（%）	农村居民人均可支配收入（元）	城镇居民人均可支配收入（元）	财政收入（亿元）	地方一般公共预算收入（亿元）
						因　子				
竹山县	41.81	116	-0.64	19.73	16.3	52.76	10111	26247	9.16	6.46
竹溪县	31.51	95	-0.47	19.12	16.17	51.95	9993	25850	7.1	5.17
房县	40.11	78	-0.3	18.45	17.02	51.97	10048	27703	9.63	6.59
丹江口市	44.06	142	-0.58	19.26	14.14	50.93	11370	29351	20.1	12.84
荆州										
沙市区	66.43	1270	0.35	12.8	15.37	50	19440	36822	43.32	22.94
荆州区	58.39	559	0.03	11.2	14.9	50.03	19305	36367	26.53	16.21
公安县	84.45	374	-2.12	13.61	18.92	50.06	18115	31170	20.31	13.51
监利县	101.68	317	-2.91	19.99	15.19	52.1	16777	29045	13.32	9.28
江陵县	33.81	322	1.05	14.38	17.24	51.12	15579	29176	6.6	4.69
石首市	56.46	539	-0.86	15.49	16.59	50.22	17066	30550	12	8.39
洪湖市	80.93	331	-0.48	16.86	16.24	52.58	17005	30350	14.51	9.87
松滋市	76.87	353	0.01	13.21	19.82	49.97	17455	31180	33.4	17.85

续表

地区	建筑业总产值（亿元）	生产总值（亿元）	因子							
			医疗机构总数（个）	医疗卫生机构床位数（张）	卫生医疗人数（人）	学校数（所）	教师人数（人）	各种社会福利收养性单位数（个）	各种社会福利收养性单位床位（张）	乡镇、街道办数（个）
武汉										
江岸区	633.17	1250.02	463	4531	5926	179	8084	27	3712	16
江汉区	340.81	1313.51	426	4280	7359	108	6560	35	4586	13
硚口区	584.09	789.99	396	4170	6759	70	4797	19	2847	11
汉阳区	451.67	689.68	415	3646	7269	72	3663	26	2715	12
武昌区	1326.9	1385.29	460	7856	20514	78	8308	28	3786	14
青山区	256.65	799.68	181	4973	7158	55	7363	17	2823	11
洪山区	1627.78	985.05	499	9019	11696	66	3003	21	2540	12
东西湖区	763.63	1230.33	238	4037	4479	52	4314	15	1908	11
汉南区	566.97	1522.18	432	2542	2709	41	3355	19	2458	4
蔡甸区	131.68	365.2	372	2041	2341	162	3272	17	7235	12
江夏区	211.61	871.8	532	2797	3151	246	8845	15	2526	13
黄陂区	474.3	965.68	853	6629	5873	315	12627	33	8117	16

续表

地区	因子									
	建筑业总产值（亿元）	生产总值（亿元）	医疗机构总数（个）	医疗卫生机构床位数（张）	卫生医疗人数（人）	学校数（所）	教师人数（人）	各种社会福利收养性单位数（个）	各种社会福利收养性单位床位（张）	乡镇、街道办数（个）
新洲区	1460.19	860.02	32	4126	3704	312	12265	22	3057	11
黄石										
黄石港区	57.09	220.2	108	5487	6842	16	1470	14	2440	5
西塞山区	72.15	197.31	64	1709	1963	18	930	18	1948	7
下陆区	34.77	267.9	74	1656	1558	24	871	15	1932	5
铁山区	3.99	57.96	17	545	617	6	292	17	1798	1
大冶市	239.6	546.33	477	3062	3680	132	5281	19	2193	18
阳新县	26.33	243.3	523	3986	4328	171	7895	24	2062	21
十堰										
茅箭区	297.68	455.12	299	4687	7898	17	1490	20	1717	8
张湾区	64.39	567.14	280	5973	8213	51	5853	19	1226	8
郧阳区	15.35	120.68	430	3299	533	239	6191	26	4758	19
郧西县	11.1	75.74	464	2660	2799	210	5251	19	2419	16

续表

地区	建筑业总产值（亿元）	生产总值（亿元）	医疗机构总数（个）	医疗卫生机构床位数（张）	卫生医疗人数（人）	学校数（所）	教师人数（人）	各种社会福利收养性单位数（个）	各种社会福利收养性单位床位（张）	乡镇,街道办数（个）
竹山县	17.25	109.16	290	2744	2772	204	3728	20	1808	17
竹溪县	20.75	82.31	373	2464	2510	164	2987	23	2727	15
房县	20.45	95.32	383	3151	3428	282	6403	24	1921	20
丹江口市	32.54	242.33	320	3239	3518	114	3421	23	2573	17
荆州										
沙市区	74.95	417.85	374	7365	7044	42	2791	23	2619	10
荆州区	49.81	280.44	248	4244	4651	130	5309	18	1392	13
公安县	29.37	270.91	446	4386	6028	95	8830	21	5043	16
监利县	6.98	282.78	748	5098	6719	168	8397	37	3227	21
江陵县	20.59	93.77	109	1391	1447	30	1764	13	1041	3
石首市	12.99	186.25	317	2493	3705	70	5187	23	3720	14
洪湖市	35.34	265.13	583	3042	4820	94	8088	27	5280	17
松滋市	42.23	285.05	379	3323	3537	80	7872	27	3627	16

因子

表 4.2　本书因子标准化部分数据

地区	常住人口（万）	人口密度（人/平方千米）	人口增长率（%）	14 岁以下人口比例（%）	65 岁以上人口比例（%）	男性比例（%）	农村居民人均可支配收入（元）	城镇居民人均可支配收入（元）	财政收入（亿元）	地方一般公共预算收入（亿元）
武汉										
江岸区	1.30364	2.46729	−0.11893	−0.89632	−0.05679	−1.12977	0.01	2.97771	2.02661	2.67161
江汉区	0.52495	5.73999	−0.27139	−1.27013	−0.77262	−0.56437	0.01	3.03908	2.79575	3.61319
硚口区	0.98949	4.76567	−0.11893	−1.20966	−0.45101	−0.61822	0.01	1.45304	1.05057	1.47675
汉阳区	0.30605	1.03582	0.86753	−0.74789	−1.05273	0.02794	0.01	2.17996	1.85337	2.45953
武昌区	2.37341	4.33388	0.17701	−1.25914	−0.2539	−0.82688	0.01	2.99078	3.12475	3.74829
青山区	−0.14612	1.81925	−1.00675	−1.3361	0.88382	0.09525	0.01	2.03905	1.85337	1.08676
洪山区	3.69184	0.31759	2.21271	−1.48453	−2.51897	0.27025	0.01	2.61577	6.03929	2.80256
东西湖区	0.04069	−0.09618	3.59375	−0.50327	−2.03483	1.25296	0.01	0.01	2.18524	2.8658
汉南区	−1.45987	−0.26406	0.99308	−0.67918	−2.67458	2.2424	1.66345	1.74263	3.58394	4.57808
蔡甸区	0.63156	−0.21095	3.80898	−0.40981	−0.26082	0.72795	1.39806	0.54942	0.16142	0.38824
江夏区	1.3013	−0.26311	4.59815	−0.69567	−2.40485	0.90296	1.52911	0.49468	1.33026	1.81914
黄陂区	1.46807	−0.26999	2.08716	−0.22841	−0.14324	0.21641	1.40814	0.5068	0.91647	1.31258

续表

地区	因子									
	常住人口（万）	人口密度（人/平方千米）	人口增长率（%）	14岁以下人口比例（%）	65岁以上人口比例（%）	男性比例（%）	农村居民人均可支配收入（元）	城镇居民人均可支配收入（元）	财政收入（亿元）	地方一般公共预算收入（亿元）
新洲区	1.12952	-0.22873	0.69714	-0.2339	-0.1467	0.72122	1.20324	0.00072	0.34274	0.61022
黄石										
黄石港区	-1.13369	1.46856	-2.02908	-0.34385	-0.25736	-1.66151	0.62079	1.53638	-0.43005	-0.50031
西塞山区	-1.12165	0.17627	-1.59863	-0.56649	0.86653	-0.35572	-0.21494	-0.09814	-0.45327	-0.52906
下陆区	-1.30012	0.25807	0.33843	-0.44555	-0.69308	-0.07302	0.15428	1.13485	-0.44362	-0.5099
铁山区	-1.73057	0.10039	-3.37426	-1.30587	1.80368	-0.46341	-0.16857	0.68711	-0.68182	-0.68269
大冶市	0.87653	-0.24983	-0.1279	1.52247	-1.13918	0.99719	1.112	1.27898	1.1625	0.69071
阳新县	0.57141	-0.31219	0.93927	3.20737	-1.61986	0.43853	-0.87527	-1.20784	-0.13079	-0.21669
十堰										
茅箭区	-0.48935	-0.18771	0.08733	0.32407	-2.39102	-1.33842	0.01	0.38577	-0.17358	-0.3716
张湾区	-0.59796	-0.23418	-0.21758	0.05195	-1.4262	0.27699	0.01	0.46665	-0.1274	-0.45784
郧阳区	-0.00008	-0.34089	-0.42384	0.67864	0.72475	0.55968	-1.29817	-0.83718	-0.32751	-0.42494
郧西县	-0.46796	-0.34705	-0.76462	1.12667	0.40314	0.02794	-1.3879	-1.09382	-0.57798	-0.59677

续表

地区	常住人口（万）	人口密度（人/平方千米）	人口增长率（%）	14岁以下人口比例（%）	65岁以上人口比例（%）	男性比例（%）	农村居民人均可支配收入（元）	城镇居民人均可支配收入（元）	财政收入（亿元）	地方一般公共预算收入（亿元）
竹山县	-0.51642	-0.34871	-0.71978	0.98099	0.32015	0.8895	-1.33875	-1.17223	-0.52684	-0.54056
竹溪县	-0.86064	-0.35369	-0.56732	0.81332	0.27519	0.34429	-1.36849	-1.24742	-0.58059	-0.58176
房县	-0.57323	-0.35772	-0.41487	0.62917	0.56913	0.35776	-1.35463	-0.89646	-0.51458	-0.53641
丹江口市	-0.44122	-0.34255	-0.66597	0.8518	-0.42681	-0.34225	-1.02144	-0.58433	-0.24142	-0.33678
荆州										
沙市区	0.30638	-0.07508	0.16804	-0.92381	-0.00146	-0.96823	1.01245	0.83067	0.3644	-0.01419
荆州区	0.03769	-0.24367	-0.11893	-1.36359	-0.16399	-0.94803	0.97842	0.7445	-0.07366	-0.22915
公安县	0.90861	-0.28753	-2.04702	-0.70117	1.22617	-0.92784	0.67851	-0.23981	-0.23594	-0.31538
监利县	1.48444	-0.30105	-2.75548	1.05245	-0.0637	0.44526	0.34129	-0.64229	-0.41831	-0.45049
江陵县	-0.78378	-0.29986	0.79579	-0.48952	0.64521	-0.21437	0.03936	-0.61748	-0.59363	-0.59709
石首市	-0.02681	-0.24841	-0.91707	-0.18443	0.42043	-0.82015	0.41413	-0.35724	-0.45275	-0.47892
洪湖市	0.79097	-0.29773	-0.57629	0.19213	0.2994	0.76834	0.39875	-0.39512	-0.38726	-0.43164
松滋市	0.65529	-0.29251	-0.13687	-0.81111	1.53741	-0.98842	0.51217	-0.23792	0.10558	-0.17677

续表

地区	因子 建筑业总产值（亿元）	生产总值（亿元）	医疗机构总数（个）	医疗卫生机构床位数（张）	卫生医疗人数（人）	学校数（所）	教师人数（人）	各种社会福利收养性单位数（个）	各种社会福利收养性单位床位（张）	乡镇、街道办数（个）
武汉										
江岸区	1.73396	2.7493	0.48156	0.52648	0.52163	0.90179	1.22468	0.66244	0.6407	0.79986
江汉区	0.69574	2.94868	0.29842	0.39293	0.9612	-0.01473	0.67506	1.61017	1.19654	0.13404
硚口区	1.55967	1.30465	0.14993	0.33441	0.77715	-0.50527	0.03924	-0.28529	0.09059	-0.30984
汉阳区	1.08942	0.98964	0.24397	0.05561	0.9336	-0.47945	-0.36973	0.54398	0.00664	-0.0879
武昌区	4.19753	3.1741	0.46671	2.29553	4.99655	-0.402	1.30547	0.78091	0.68777	0.35598
青山区	0.39687	1.33508	-0.91426	0.76164	0.89955	-0.6989	0.96466	-0.52222	0.07533	-0.30984
洪山区	5.26601	1.91721	0.65975	2.91431	2.29159	-0.5569	-0.60775	-0.04835	-0.10465	-0.0879
东西湖区	2.19725	2.68747	-0.63212	0.26364	0.07776	-0.73762	-0.13495	-0.75915	-0.50659	-0.30984
汉南区	1.49887	3.60398	0.32812	-0.53177	-0.4652	-0.87962	-0.48081	-0.28529	-0.1568	-1.86341
蔡甸区	-0.04692	-0.02934	0.03114	-0.79832	-0.57808	0.68234	-0.51074	-0.52222	2.88123	-0.0879
江夏区	0.23692	1.56156	0.82309	-0.3961	-0.32961	1.76667	1.49914	-0.75915	-0.11356	0.13404
黄陂区	1.16979	1.85638	2.41194	1.64271	0.50537	2.65737	2.86309	1.37324	3.44216	0.79986

续表

地区	建筑业总产值（亿元）	生产总值（亿元）	医疗机构总数（个）	医疗卫生机构床位数（张）	卫生医疗人数（人）	学校数（所）	教师人数（人）	各种社会福利收养性单位数（个）	各种社会福利收养性单位床位（张）	乡镇、街道办数（个）
						因　子				
新洲区	4.67087	1.52457	-1.65176	0.311	-0.15998	2.61865	2.73254	0.07011	0.22414	-0.30984
黄石										
黄石港区	-0.31181	-0.48469	-1.27559	1.03511	0.80261	-1.20234	-1.16062	-0.87762	-0.16825	-1.64147
西塞山区	-0.25833	-0.55657	-1.49337	-0.97496	-0.69404	-1.17652	-1.35537	-0.40375	-0.48115	-1.1976
下陆区	-0.39107	-0.33489	-1.44388	-1.00316	-0.81827	-1.09907	-1.37665	-0.75915	-0.49132	-1.64147
铁山区	-0.50037	-0.99418	-1.72601	-1.59427	-1.10693	-1.33143	-1.58546	-0.52222	-0.57654	-2.52923
大冶市	0.33632	0.53947	0.55085	-0.2551	-0.16734	0.29508	0.2138	-0.28529	-0.32533	1.24374
阳新县	-0.42104	-0.41215	0.77854	0.23651	0.03144	0.79852	1.15652	0.30704	-0.40865	1.90956
十堰										
茅箭区	0.54257	0.25304	-0.33019	0.60947	1.12654	-1.18943	-1.15341	-0.16682	-0.62806	-0.97566
张湾区	-0.28588	0.60482	-0.42424	1.29369	1.22317	-0.75053	0.42009	-0.28529	-0.94032	-0.97566
郧阳区	-0.46003	-0.79722	0.31822	-0.12901	-1.13269	1.67631	0.54198	0.54398	1.30593	1.46568
郧西县	-0.47513	-0.93834	0.48651	-0.46899	-0.43759	1.30196	0.20298	-0.28529	-0.1816	0.79986

续表

地区	建筑业总产值（亿元）	生产总值（亿元）	医疗机构总数（个）	医疗卫生机构床位数（张）	卫生医疗人数（人）	学校数（所）	教师人数（人）	各种社会福利收养性单位数（个）	各种社会福利收养性单位床位（张）	乡镇、街道办数（个）
					因 子					
竹山县	-0.45329	-0.83339	-0.37474	-0.42429	-0.44587	1.2245	-0.34628	-0.16682	-0.57018	1.0218
竹溪县	-0.44086	-0.91771	0.03608	-0.57327	-0.52624	0.70816	-0.61352	0.18858	0.01427	0.57792
房县	-0.44192	-0.87686	0.08558	-0.20775	-0.24464	2.23139	0.61844	0.30704	-0.49832	1.68762
丹江口市	-0.39899	-0.41519	-0.22625	-0.16093	-0.21703	0.06272	-0.457	0.18858	-0.08367	1.0218
荆州										
沙市区	-0.24838	0.136	0.04103	2.0343	0.86458	-0.86671	-0.68421	0.18858	-0.05441	-0.53178
荆州区	-0.33766	-0.29551	-0.58263	0.37378	0.13052	0.26926	0.22389	-0.40375	-0.83475	0.13404
公安县	-0.41025	-0.32544	0.39741	0.44933	0.55292	-0.18255	1.49373	-0.04835	1.48718	0.79986
监利县	-0.48976	-0.28817	1.89222	0.82815	0.76488	0.75979	1.33757	1.8471	0.33226	1.90956
江陵县	-0.44143	-0.88172	-1.27064	-1.14415	-0.85232	-1.02162	-1.05459	-0.99608	-1.05797	-2.08535
石首市	-0.46841	-0.5913	-0.2411	-0.55784	-0.15967	-0.50527	0.1799	0.18858	0.64579	0.35598
洪湖市	-0.38904	-0.34359	1.07552	-0.26574	0.18236	-0.19546	1.22613	0.66244	1.63791	1.0218
松滋市	-0.36458	-0.28104	0.06578	-0.11624	-0.21121	-0.37618	1.14823	0.66244	0.58665	0.79986

第四节　区域脆弱性度量

一、物理脆弱性度量

本书基于卡特的物理脆弱性研究，以各类灾害发生的频次进行物理脆弱性分析。本书依据湖北省各县市区 2018 年整年各个灾种的发生频率及其灾害强度，对湖北省的 103 个县市区进行物理脆弱性评估。

第一，将湖北省 103 个县市区的物理脆弱性取值界定在 0~1，由于 0 与任意数相乘都得 0，因此在实际的评估过程中，将最低值取为 0.01，由于任何数与 0 相乘结果都为 0，因此在实际运用中，取值范围为 0.01~0.99；第二，考虑 103 个县市区的各灾种灾害发生次数以及灾害强度，将各个灾种数据依次叠加，并对各灾害强度进行归纳；第三，将物理脆弱性最低的县市区评为 0.01，最高的县市区评为 0.99，将所有县市区进行物理脆弱性分类，然后根据评分规划等级，一共分为 5 个等级，物理脆弱性从低到高分为第一等级(0.01)、第二等级(0.25)、第三等级(0.50)、第四等级(0.75)以及第五等级(0.99)。

二、社会脆弱性度量

在进行社会脆弱性的度量前，必须进行样本和指标选择，本书以湖北省 103 个县市(区)为例，选取湖北省 2018 年的数据，从卡特的 42 个因子中挑选出 23 个符合湖北省情况的因子开展因子分析。在因子分析的过程中，需要注意的是，21 个因子虽然并没有包含全部 42 个因子，但是根据卡特在"Social Vulnerability to Environmental Hazards"与"Vulnerability to Environmental hazards"中提到的 HOP 模型使用标准来讲，这 42 个因子并非必须全部使用，可以根据当地实际情况酌情加减，在因子的选择过程中，对其中一些指标进行了修改，对原来的 42 个指标中有些指标进行了删除，增加了某些对社会脆弱性更具有影响因素的指标，这 23 个因子包含人口、经济、基础设施、制度、医疗等几个层面，因而比较合理，基本符合要求。

在确定了样本和因子之后，具体分析流程为：第一，数据的搜集和录入（空出缺失的数据）；第二，通过 KMO 和 Bartlett 数据检验原始数据的相关性，即数据是否适合使用因子分析方法；第三，使用主成分析方法提取公因子，并计算各个因子的累计方差；第四，利用方差最大旋转之后的因子负荷矩阵计算各因子影响力度，并对各因子进行命名；第五，得出各地区综合得分。

KMO 检验用于查验各个变量间的偏相关性，取值范围为 0~1，其检验方法为，数值越接近 1，则各个变量间的偏相关性就越强，因子分析的效果就越好。在实际运用当中，KMO 数值在 0.7 以上时效果较好。通过表 4.3 可知，本书的 KMO 统计量为 0.700，因而本书数据适合因子分析并且分析效果较好。

表 4.3 **KMO 和 Bartlett's 检验**

Kaiser-Meyer-Olkin Measure of Sampling Adequacy	Bartlett's Test of Sphericity		
	Approx. Chi-Square	df	Sig.
.700	1452.062	190	.000

表 4.4 是公因子方差，即变量共同度，它是指各个变量所包含的原始信息能够被提取公因子的程度。从表 4.4 可以看出，除了"人口增长率"为 0.485，即低于 50%以外，其他 19 个评价指标的数值即他们之间的共同度都在 50%以上，因此，该数据分析提取的公因子对于各个变量的解释力度相对较高。

表 4.4 公因子方差

公因子	初始值	提取
人口	1.000	0.873
人口增长率	1.000	0.485
人口密度	1.000	0.867
十四岁以下	1.000	0.864
六十五岁以上	1.000	0.923
男性比例	1.000	0.687
城镇居民可支配收入	1.000	0.898
农村居民可支配收入	1.000	0.752
财政收入	1.000	0.864
地方一般公共预算收入	1.000	0.898
建筑业总产值	1.000	0.844
地区生产总值	1.000	0.901
医疗卫生机构数	1.000	0.679
医疗卫生机构床位数	1.000	0.752
医疗卫生机构人员数	1.000	0.773
学校数	1.000	0.762
教师数	1.000	0.873
各种福利性收养单位数	1.000	0.563
各种福利性收养床位数	1.000	0.598
乡镇、街道办事处	1.000	0.786

表 4.5 是方差分析结果，表中显示了各个因子的累计方差。由表 4.5 可知，本书共提取了 5 个公因子，他们的方差贡献率分别是 29.439%、22.027%、11.384%、8.526%、6.840%，累计方差贡献率为 78.217%。

表 4.5 　　　　　　　　　　　　　　　　总方差解释

组件	初始特征值			提取载荷平方和			旋转载荷平方和		
	总计	方差百分比（%）	累积（%）	总计	方差百分比（%）	累积（%）	总计	方差百分比（%）	累积（%）
1	6.806	34.031	34.031	6.806	34.031	34.031	5.888	29.439	29.439
2	3.853	19.265	53.297	3.853	19.265	53.297	4.405	22.027	51.467
3	2.605	13.023	66.320	2.605	13.023	66.320	2.277	11.384	62.851
4	1.287	6.437	72.756	1.287	6.437	72.756	1.705	8.526	71.377
5	1.092	5.460	78.217	1.092	5.460	78.217	1.368	6.840	78.217
6	.863	4.313	82.529						
7	.741	3.705	86.234						
8	.666	3.331	89.565						
9	.412	2.061	91.627						
10	.368	1.841	93.467						
11	.336	1.680	95.147						
12	.235	1.177	96.324						
13	.208	1.039	97.363						
14	.136	.678	98.041						
15	.117	.585	98.627						
16	.097	.483	99.109						
17	.074	.372	99.481						
18	.059	.293	99.774						
19	.035	.177	99.951						
20	.010	.049	100.000						

注：提取方法为主成分分析法。

图 4.1 为碎石图，横轴代表成分数，竖轴代表特征值，也就是说，碎石图展现的是各个因子所对应的特征值。从图 4.1 中可知，第一、第二和第三个特征值很大，从第五个特征值开始，数值的降幅开始变小。由此，我们可以得出以下结论：湖北省的社会脆弱性主要是由前三个因子决定的，后两个因子影响较小，降维处理后，会将 20 个因子处理为 5 个公共因子。

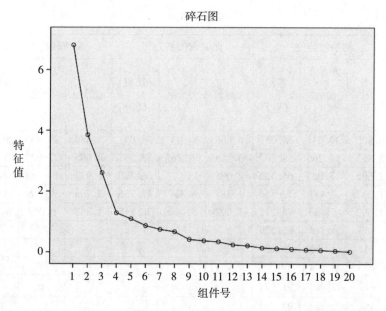

图 4.1　各项指标特征值

表 4.6 是运用方差最大旋转之后的因子负荷矩阵，具体来讲，它是指各个因子在各个评价指标上的载荷，也就是各个因子对各个评价指标的影响力度。在表 4.6 中，把各个评价指标的数值即放置后的负荷系数依次排列，共分为 5 个因子。

表 4.6　　　　　　　　　　旋转后的成分矩阵[①]

公因子	组　　件				
	1	2	3	4	5
人口	.916	.149	.056	.012	.096
人口密度	-.143	.036	-.866	.100	.291
人口增长率	-.080	.502	.429	.125	.163
十四岁以下	.209	-.306	.255	.813	-.045
六十五岁以上	-.073	-.530	.015	-.797	-.004
男性比例	-.089	.152	.728	.299	.191
农村居民可支配收入	.292	.714	.024	-.276	-.285
城镇居民可支配收入	.009	.749	-.557	-.154	-.064

续表

公因子	组　件				
	1	2	3	4	5
财政收入	.112	.885	.062	.143	.209
地方一般公共预算收入	.094	.899	.137	.114	.224
建筑业总产值	.052	.407	-.082	-.080	.814
地区生产总值	.383	.845	-.035	-.073	.183
医疗卫生机构数	.784	.077	.203	.115	-.062
医疗卫生机构床位数	.834	.171	-.138	-.006	-.093
医疗卫生机构人员数	.799	.205	-.256	-.019	-.160
学校数	.613	-.036	.370	.257	.428
教师数	.828	.094	.254	.054	.333
各种福利性收养单位数	.719	.063	-.179	.099	.024
各种福利性收养床位数	.717	.250	-.037	-.144	.011
乡镇、街道办事处	.818	-.192	.208	.187	.034

注：提取方法为主成分分析法。旋转方法为 Kaiser 标准化最大方差法。

①旋转在 8 次迭代后已收敛。

第一个因子影响的是人口，医疗卫生机构人员数，医疗卫生机构数，医疗卫生机构床位数，学校数，教师数，各种收养性福利单位数、床位数，乡镇、街道办事处数，综合来看，第一个因子中社会保障因素所占比重较大，因此将第一个因子命名为"社会保障"；第二个因子对经济方面影响较大，包括农村、城镇居民人均可支配收入，财政收入，地区生产总值等，因此可以将第二个影响因子定为"经济水平"；第三个因子受人口密度和男性比例影响，因此第三个影响因子为"人口特征"；第四个影响因子对年龄结构方面的评价指标的影响比较大，因此第四个影响因子可以命名为"年龄结构"；第五个因子对建筑业总产值指标的影响较大，可以命名为"基础建设"。

表 4.7 是湖北省各个县市(区)社会脆弱性的综合得分。数据结果按照县级行政区域排列，并没有依大小排序，数值越大则社会脆弱性越高，数值为负数且越小，则脆弱性越低。

表 4.7　　　　　湖北省各县市(区)社会脆弱性的综合得分

地区	社会脆弱性	地区	社会脆弱性	地区	社会脆弱性
武汉		竹溪县	−0.56607	襄城区	0.19123
江岸区	1.63998	房县	−0.05445	樊城区	0.96229
江汉区	1.52755	丹江口市	−0.28743	襄州区	1.06067
硚口区	0.48661	荆州		南漳县	−0.45791
汉阳区	0.90432	沙市区	0.20134	谷城县	−0.20063
武昌区	2.63078	荆州区	−0.12268	保康县	−0.97177
青山区	0.34398	公安县	0.2925	老河口市	−0.43597
洪山区	2.80433	监利县	0.95713	枣阳市	1.40275
东西湖区	1.17932	江陵县	−1.39739	宜城市	−0.45693
汉南区	1.36432	石首市	−0.33188	荆门	
蔡甸区	0.67681	洪湖市	0.54027	东宝区	0.4241
江夏区	1.72619	松滋市	0.12807	掇刀区	−0.55573
黄陂区	2.72806	宜昌		京山市	0.19793
新洲区	1.37647	西陵区	−1.01442	沙洋县	−0.46186
黄石		伍家岗区	−0.73334	钟祥市	0.86971
黄石港区	−0.98279	点军区	−1.60314	鄂州	
西塞山区	−1.42338	猇亭区	−0.94458	梁子湖区	0.91105
下陆区	−1.15899	夷陵区	−0.22412	华容区	−0.16398
铁山区	−2.13058	远安县	−1.1386	鄂城区	0.26216
大冶市	0.88195	兴山县	−1.56759	孝感	
阳新县	0.71971	秭归县	−1.0041	孝南区	0.30061
十堰		长阳县	−1.25023	孝昌县	−0.45473
茅箭区	−0.20719	五峰县	−1.74174	大悟县	−0.20682
张湾区	0.03073	宜都市	−0.48521	云梦县	−0.31881
郧阳区	0.1263	当阳市	−0.68023	应城市	−0.13461
郧西县	−0.34463	枝江市	−0.55487	安陆市	−0.25131
竹山县	−0.45489	襄阳		汉川市	0.88986

续表

地区	社会脆弱性	地区	社会脆弱性	地区	社会脆弱性
黄冈		咸安区	0.06394	咸丰县	-0.94547
黄州区	-0.50375	嘉鱼县	-0.80035	来凤县	-1.14744
团风县	-1.05758	通城县	-0.37543	鹤峰县	-1.55561
红安县	-0.37151	崇阳县	-0.38659	随州	
罗田县	-0.64226	通山县	-0.50282	曾都区	0.16051
英山县	-0.97308	赤壁市	-0.00256	随县	0.31168
浠水县	0.11703	恩施		广水市	0.87722
蕲春县	0.51708	恩施市	0.48026		
黄梅县	0.3964	利川市	0.21861	仙桃市	1.85054
麻城市	0.95103	建始县	-0.7762	潜江市	1.44804
武穴市	0.17732	巴东县	-0.79637	天门市	2.27689
咸宁		宣恩县	-1.21618	神农架林区	-1.05687

三、区域脆弱性度量

区域脆弱性=物理脆弱性×社会脆弱性。根据这一公式，我们可以得出表4.8，即每个城市区域脆弱性高低。同时，为了更直观地观察物理脆弱性和社会脆弱性对区域脆弱性的影响，以及每个城市的相关情况，本书做了散点图，即图4.2。

湖北省各县市（区）区域脆弱性综合得分，依旧按照原来的顺序进行表明，脆弱性最高的城市为黄陂区，脆弱指数为2.046，脆弱性最低的城市为兴山县，脆弱指数为-1.552。

图4.2是湖北省各县市（区）社会性社会脆弱行和物理脆弱性散点图，在图中可以很清楚地看出某县域社会脆弱性和物理脆弱性的具体数据表现。

表 4.8　湖北省各县市(区)区域脆弱性的综合得分(按市州排列)

地区	区域脆弱性	地区	区域脆弱性	地区	区域脆弱性
武汉		竹溪县	−0.28304	襄城区	0.047808
江岸区	0.81999	房县	−0.05391	樊城区	0.009623
江汉区	0.381888	丹江口市	−0.14372	襄州区	0.010607
硚口区	0.121653	荆州		南漳县	−0.22896
汉阳区	0.45216	沙市区	0.050335	谷城县	−0.15047
武昌区	0.657695	荆州区	−0.03067	保康县	−0.72883
青山区	0.085995	公安县	0.073125	老河口市	−0.10899
洪山区	0.701083	监利县	0.239283	枣阳市	0.350688
东西湖区	0.58966	江陵县	−0.34935	宜城市	−0.11423
汉南区	0.68216	石首市	−0.08297	荆门	
蔡甸区	0.338405	洪湖市	0.135068	东宝区	0.318075
江夏区	0.863095	松滋市	0.064035	掇刀区	−0.27787
黄陂区	2.046045	宜昌		京山市	0.098965
新洲区	0.688235	西陵区	−0.25361	沙洋县	−0.11547
黄石		伍家岗区	−0.18334	钟祥市	0.652283
黄石港区	−0.00983	点军区	−0.40079	鄂州	
西塞山区	−0.35585	猇亭区	−0.23615	梁子湖区	0.227763
下陆区	−0.01159	夷陵区	−0.05603	华容区	−0.041
铁山区	−0.02131	远安县	−0.85395	鄂城区	0.06554
大冶市	0.440975	兴山县	−1.55191	孝感	
阳新县	0.359855	秭归县	−0.99406	孝南区	0.075153
十堰		长阳县	−1.23773	孝昌县	−0.11368
茅箭区	−0.1036	五峰县	−1.30631	大悟县	−0.05171
张湾区	0.015365	宜都市	−0.24261	云梦县	−0.0797
郧阳区	0.094725	当阳市	−0.17006	应城市	−0.03365
郧西县	−0.25847	枝江市	−0.13872	安陆市	−0.12566
竹山县	−0.45034	襄阳		汉川市	0.222465

续表

地区	区域脆弱性	地区	区域脆弱性	地区	区域脆弱性
黄冈		咸安区	0.047955	咸丰县	−0.7091
黄州区	−0.12594	嘉鱼县	−0.40018	来凤县	−0.57372
团风县	−0.2644	通城县	−0.18772	鹤峰县	−1.16671
红安县	−0.27863	崇阳县	−0.1933	随州	
罗田县	−0.32113	通山县	−0.37712	曾都区	0.040128
英山县	−0.24327	赤壁市	−0.00128	随县	0.07792
浠水县	0.029258	恩施		广水市	0.219305
蕲春县	0.25854	恩施市	0.360195		
黄梅县	0.1982	利川市	0.109305	仙桃市	0.018505
麻城市	0.475515	建始县	−0.58215	潜江市	0.36201
武穴市	0.04433	巴东县	−0.78841	天门市	0.569223
咸宁		宣恩县	−0.91214	神农架林区	−0.01057

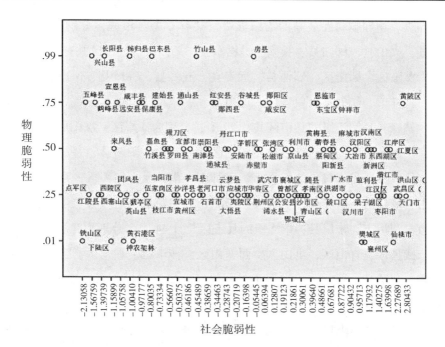

图 4.2 湖北省各县市(区)物理脆弱性和社会脆弱性散点图

第五节 区域脆弱性结果分析

一、物理脆弱性结果分析

湖北省位于中国中部，地势呈三面高起、中间低平、向南敞开、北有缺口的不完整盆地。地貌类型多样，山地、丘陵、岗地和平原兼备，属于典型的亚热带季风气候，具有较强的降水量。

从地势特征来看，山地和丘陵地区相较于平原地区的物理脆弱性更高，发生泥石流等地质灾害以及洪涝灾害的程度较高。鄂西北、鄂北以及鄂中的丘陵地区易发干旱灾害，鄂东南有时因降水不均匀也会发生较严重的旱灾。湖北省的各个区域降水具有季节性的特点，鄂西南相较于其他地区更易发生洪涝灾害。

通过评估，将湖北省各区县的物理脆弱性进行分级，由高到低分为五个等级。物理脆弱性最高的为第五级，共有 6 个县市区，分别为竹山县、房县、兴山县、秭归县、长阳县、巴东县；第四级的县市区共有 17 个，分别为黄陂区、郧阳区、郧西县、远安县、五峰县、谷城县、保康县、东宝区、钟祥市、红安县、咸安区、通山县、恩施市、建始县、宣恩县、咸丰县、鹤峰县；第三级的县市区共有 29 个，分别为江岸区、汉阳区、东西湖区、汉南区、蔡甸区、江夏区、新洲区、大冶市、阳新县、茅箭区、张湾区、竹溪县、丹江口市、松滋市、宜都市、南漳县、掇刀区、京山县、安陆市、罗田县、蕲春县、黄梅县、麻城市、嘉鱼县、通城县、崇阳县、赤壁市、利川市、来凤县；第二级的县市区总计 44 个，分别为江汉区、硚口区、武昌区、青山区、洪山区、西塞山区、沙市区、荆州区、公安县、监利县、江陵县、石首市、洪湖市、西陵区、伍家岗区、点军区、猇亭区、夷陵区、当阳市、枝江市等；其他 7 个县市区为物理脆弱性最低的第一等级，分别为黄石港区、下陆区、铁山区、樊城区、襄州区、仙桃市、神农架林区。

总的来说，鄂西南以及鄂西北出现的地质灾害较多，在气候灾害方面，湖北省各区域呈现出季节性特点，鄂东南的雨季时间相较于其他地区普遍偏早，同时，鄂北以及鄂东南出现干旱的可能性较其他地区更大，鄂东南虽然多雨，但由于降水时间早、降水分布不均匀，伏旱、伏秋连旱等旱情发生频繁。

二、社会脆弱性结果分析

(一)湖北省社会脆弱性空间分析

根据社会脆弱性分析得出的数据，结合图4.2散点图和表4.7可知湖北省社会脆弱性的空间分布特征，大致可以得到以下结论：社会脆弱性较高的区域主要分布于长江中下游人口密集的鄂中江汉平原和鄂北襄阳市市区；社会脆弱性较低的市分布在鄂西、鄂西南的部分县区，从整体来看，整个湖北省社会脆弱性方面东部要比西部高。

(二)湖北省社会脆弱性因子分析

通过表4.6可知，本章对于社会脆弱性的研究共提取了5个公共因子，旋转前后的累计贡献方差为78.217%，其中最大值是24.860%，最小值是6.840%，平均值为15.6432%，通过表4.7因子符合矩阵可知，这五个因子分别被命名为"社会保障"因子、"经济水平"因子、"人口特征"因子、"年龄结构"因子、"基础建设"因子，他们的方差贡献率分别是29.439%、22.027%、11.384%、8.526%、6.840%。我们可以从这五个维度对湖北省社会脆弱性进行分析。

1. 社会保障

社会保障因子中有地区人口数量，医疗卫生机构数，医疗卫生机构床位数，医疗卫生机构人员数，学校数，教师数，各种福利性收养单位数，各种福利性单位收养床位数，乡镇、街道办事处数共计九个指标，第一个主成分中的指标接近占据选用的指标体系的半数，其对社会脆弱性的影响是最大的。医疗卫生事业直接决定了发生重大自然灾害后对受灾群众的救援能力，学校是提供灾后应急的重要场所，教师数量决定了当地一定的教育水平，福利性单位和床位数则体现了灾害发生后重建阶段对于灾后人员的扶养能力，乡镇、街道办事处数则体现了基层对于灾害发生的反应速度。

2. 经济水平

经济水平对于社会脆弱性有着相当重要的影响，主要影响指标是地区生产总值，财政收入，农村、城镇居民人均可支配收入以及人口增长率。一个地区的经济水平直接决定了该地区从灾害中恢复过来的能力，恢复能力越强，那么相应的社会脆弱性就越低。

3. 人口特征

人口特征提取了人口密度、男性比例两项指标。人口密度对社会脆弱性有着很大的影响，人口密度很大限度地决定了自然灾害对人员伤害的可能性，人口密度的增大容易导致社会家庭负担大，同时也会导致社会资源的匮乏。对于男性比例，是因为女性在灾害发生后需要大量的精力去照顾，更容易受到灾害的冲击，并且难以恢复。

4. 年龄结构

年龄结构包括 14 岁以下人口比例和 65 岁以上人口比例两项指标，这两项指标体现的是两类社会弱势群体占据总人口的比重，这类群体也会在灾害发生时容易受到冲击，对灾害的韧性较差，并且需要花费政府或是社会、家庭的精力去照顾，灾后自我恢复的能力较弱。

5. 基础建设

基础设施最初选择了建筑业总产值、规模以上工业企业数、公园绿地数、固定电话数。由于移动电话的普及，固定电话不再具有救生网络的代表性，并且在数据搜集上和规模以上工业企业数的统计上，湖北省各市州的城区统计数据十分欠缺，因此选择放弃。公园绿地的数据缺失则更为严重。建筑业总产值在一定程度上也可以反映地区建筑情况。建筑业发展得越好，灾后重建能力就越强。

三、区域脆弱性结果分析

根据区域脆弱性=社会脆弱性×物理脆弱性，求出湖北省各县市（区）区域脆弱性，可以利用分段法对其进行分级，见表4.9。

表4.9　　湖北省各县市区区域脆弱性等级分布（按降序排列）

地区/等级	区域脆弱性	地区/等级	区域脆弱性	地区/等级	区域脆弱性
一级		东宝区	0.318075	襄城区	0.047808
黄陂区	2.046045	蕲春县	0.25854	武穴市	0.04433
江夏区	0.863095	监利县	0.239283	曾都区	0.040128
江岸区	0.81999	梁子湖区	0.227763	浠水县	0.029258
洪山区	0.701083	汉川市	0.222465	仙桃市	0.018505
新洲区	0.688235	广水市	0.219305	张湾区	0.015365
汉南区	0.68216	黄梅县	0.1982	襄州区	0.010607
武昌区	0.657695	洪湖市	0.135068	樊城区	0.009623
钟祥市	0.652283	硚口区	0.121653	四级	
东西湖区	0.58966	利川市	0.109305	赤壁市	−0.00128
天门市	0.569223	三级		黄石港区	−0.00983
二级		京山市	0.098965	神农架林区	−0.01057
麻城市	0.475515	郧阳区	0.094725	下陆区	−0.01159
汉阳区	0.45216	青山区	0.085995	铁山区	−0.02131
大冶市	0.440975	随县	0.07792	荆州区	−0.03067
江汉区	0.381888	孝南区	0.075153	应城市	−0.03365
潜江市	0.36201	公安县	0.073125	华容区	−0.041
恩施市	0.360195	鄂城区	0.06554	大悟县	−0.05171
阳新县	0.359855	松滋市	0.064035	房县	−0.05391
枣阳市	0.350688	沙市区	0.050335	夷陵区	−0.05603
蔡甸区	0.338405	咸安区	0.047955	云梦县	−0.0797

续表

地区/等级	区域脆弱性	地区/等级	区域脆弱性	地区/等级	区域脆弱性
石首市	−0.08297	南漳县	−0.22896	点军区	−0.40079
茅箭区	−0.1036	猇亭区	−0.23615	竹山县	−0.45034
老河口市	−0.10899	宜都市	−0.24261	来凤县	−0.57372
孝昌县	−0.11368	英山县	−0.24327	建始县	−0.58215
宜城市	−0.11423	西陵区	−0.25361	五级	
沙洋县	−0.11547	郧西县	−0.25847	咸丰县	−0.7091
安陆市	−0.12566	团风县	−0.2644	保康县	−0.72883
黄州区	−0.12594	掇刀区	−0.27787	巴东县	−0.78841
枝江市	−0.13872	红安县	−0.27863	远安县	−0.85395
丹江口市	−0.14372	竹溪县	−0.28304	宣恩县	−0.91214
谷城县	−0.15047	罗田县	−0.32113	秭归县	−0.99406
当阳市	−0.17006	江陵县	−0.34935	鹤峰县	−1.16671
伍家岗区	−0.18334	西塞山区	−0.35585	长阳县	−1.23773
通城县	−0.18772	通山县	−0.37712	五峰县	−1.30631
崇阳县	−0.1933	嘉鱼县	−0.40018	兴山县	−1.55191

可以明显地看出，整体湖北省东部脆弱性要高于西部，区域脆弱性最高的以武汉为核心，向西逐渐降低；脆弱性最低的地区是恩施和宜昌之间，向周围逐渐增强。

第五章　湖北省自然灾害风险防范
化解的现状与问题

2018 年 4 月，中华人民共和国应急管理部正式挂牌，2018 年 11 月，湖北省应急管理厅正式挂牌。应急管理部门成立以来积极开展防灾减灾救灾工作，全国范围内实现了事故总量、较大事故、重特大事故的"三个下降"，但从 2019 年 3 月以后，重特大事故不断，反映出当前我国风险防范体系亟待完善。

当前，我国政府自然灾害风险防范化解主要依靠应急管理的核心体系（一案三制）开展。"一案"指的是灾害管理预案，突发事件应急预案管理办法中规定应急预案是指各级人民政府及其部门、基层组织、企业单位、社会团体等为依法、迅速、科学、有序应对突发事件，以减少突发事件损害而预先制定的工作方案。"三制"指的是灾害管理的体制、机制和法制。灾害管理体制，也称为"领导体制""组织体制"，主要是指管理机构的组织形式，是一个由横向机构和纵向机构、政府机构与社会组织相结合的复杂系统，包括灾害管理的领导指挥机构、专项灾害指挥机构以及日常办事机构等不同层次。灾害应急机制，是针对自然灾害的一种紧急处理机制，主要包括自然灾害预防与应急准备、监测监控、预警信息发布、应急响应、应急救援及灾后恢复重建等过程。应急管理机制建设的目的，是实现自然灾害预防、处置到善后的全过程规范化流程管理。应急法制，包括国家发布的与自然灾害管理活动相关的各项法律、法规、规章①。

---

① 齐晓亮，刘学涛，李茹霞. 政府自然灾害应急管理存在的问题及对策［J］. 辽宁行政学院学报，2019，190(4)：61-65.

第一节 自然灾害风险防范化解的现状

一、自然灾害相关法规

法制一般分为广义与狭义两种。广义的法制是静态和动态的有机统一。所谓静态的法制，主要是指法律和制度的总称，包括法律规范、法律组织、法律设施等。从动态来看，法制是指各种法律活动的总称，包括法的制定、实施、监督等。狭义的法制是指建立在民主制度基础上的法律制度和普遍手法。

在突发事件中，政府、非政府组织、志愿者等的防灾减灾救灾活动都需要法律予以规范，由此形成的应急管理法律法规称为狭义的应急管理法制，其核心是宪法中的紧急条款以及突发事件法。应急管理法律法规是一个国家在非常规状态下实行法治的基础，是一个国家应急管理的依据，也是一个国家法律体系和法律学科体系的重要组成部分。

广义的应急管理法制还包括各种具体制度。应急管理制度的建设包含的内容十分丰富，包括日常工作制度、会议制度、民主决策制度、学习制度等。

法律基础是应对突发公共事业的基本保障。在应急状态下能有法可依，可以增强政府应对突发事件的管理能力。自然灾害的法制建设，就是依法开展自然灾害的预防、应急管理工作。法制保障是自然灾害管理工作实施的关键，法制保障可以有效提高自然灾害的防御能力，使得各项措施得以规范执行，如应急预案的有效执行，及时对应急管理的各个方面实行监督审查，更好地保护人民生命财产安全，维护社会稳定和国家安全。

我国应对自然灾害经过了依靠经验到法治保障的过程。自 1978 年改革开放以来，自然灾害法律制度正式开始形成并发展，法律法规开始大规模出现。国务院颁布的《植物检疫条例》(1983 年 1 月)标志着我国自然灾害法律体系开始建立。1981—1990 年初，颁布了《森林法》《草原法》《土地

管理法》《海洋石油勘探开发环境保护条例》。1991—2000 年，陆续颁布了
《水土保持法》《防洪法》等 13 部法律法规。2001—2010 年的十年期间，颁
布了《人工影响天气管理条例》《防沙治沙法》等 14 部法律法规。2003 年以
后，各种自然灾害应急预案大量制定，发展速度超过了法律法规。

《国家突发公共事件总体应急预案》（2006 年）的颁布促进了各级政府
部门和行业等部门预案、专项预案、地方预案纷纷出台，在这些规范的体
系中，行政领域的规范最为繁多，其发展之全面、迅速大大超出了其他规
范性文件，成为行政机构调整灾害治理工作的主要规范依据。2007 年 11
月实施的《突发事件应对法》是我国预应对突发事件的基本法。《突发事件
应对法》针对突发事件的预防与应急准备、监测监控、预警、应急响应、
应急处置与救援、事后恢复重建等应对活动①。

自然灾害通常是突然发生、造成或者可能会造成严重社会灾害的事
件，属于突发事件的一种，因此可采用《突发事件应对法》对自然灾害灾前
防范、灾害救援、灾后重建等工作进行指导②。

我国目前在建设以《突发事件应对法》为重点和指导方向，辅以各单项
法规为配套法律的风险管理法律体系。《突发事件应对法》是自然灾害发生
后应对的指导法，其他关于自然灾害管理的法规有《中华人民共和国防震
减灾法》《中华人民共和国防洪法》《中华人民共和国气象法》《中华人民共
和国水法》和《中华人民森林法》等法律，以及《中华人民共和国减灾规划》
《水库大坝安全管理条例》《地质灾害防治条例》《破坏性地震应急条例》《森
林防火条例》《地震监测管理条例》《自然灾害救助条例》等专项法规，目前
总计 30 余项，这些法规形成了我国自然灾害风险应对的主要法律体系，保
障自然灾害防灾减灾救灾工作的科学、有效开展（图 5.1），国家层面的自
然灾害管理法律，见表 5.1。

---

① 中华人民共和国突发事件应对法［S］.北京：法律出版社，2007.
② 张小明.我国减灾救灾应急资源管理能力建设研究［J］.中国减灾，2015，14
（5）：38-4.

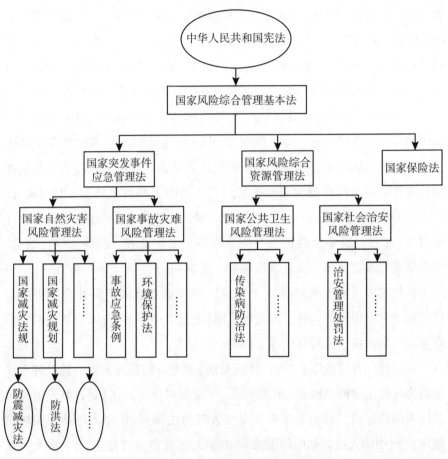

图 5.1 我国风险管理法律体系图

表 5.1   **我国有关自然灾害的部分法律**

类型	颁布(修订)年份	法律/法规名称
自然灾害 相关法律	2007 年颁布	中华人民共和国突发事件应对法
	1997 年颁布，2008 年修订	中华人民共和国防震减灾法
	1997 年颁布，2016 年第三次修订	中华人民共和国防洪法
	1999 年颁布，2016 年第三次修订	中华人民共和国气象法
	2002 年颁布，2016 年修订	中华人民共和国水法
	1984 年颁布，2019 年修订	中华人民共和国森林法

湖北省现行的自然灾害应急预案包括《湖北省自然灾害救助应急预案》《湖北省防汛抗旱应急预案》《湖北省防御台风灾害应急预案》《湖北省突发地质灾害应急预案》《湖北省森林火灾应急预案》《湖北省地震应急预案》《湖北省气象灾害应急预案》《湖北省低温雨雪冰冻灾害应急预案》等。

在依循国家自然法规的基础上，湖北省制定了地方性条例、办法等。1992 年颁布《湖北省河道管理实施办法》、1994 年颁布《湖北省实施〈中华人民共和国防汛条例〉细则》、2002 年颁布《湖北省水库管理办法》、2002 年颁布《湖北省森林防火条例》、2006 年颁布《湖北省地震监测管理实施办法》、2008 年颁布《湖北省气象灾害预警信号发布与传播管理办法》、2010 年颁布《湖北省水文管理办法》、2011 年颁布《湖北省气象灾害防御条例》、2014 年颁布《湖北省突发事件应对办法》、2014 年颁布《湖北省气象灾害防御实施办法》、2014 年颁布《湖北省社会救助实施办法》、2021 年修订《湖北省自然灾害救助办法》。

2021 年 4 月 7 日，湖北省法学会应急管理法学研究会在武汉成立，这也是全国首个省级应急管理法学研究会，有助于研究法治思维、法治方式和法治手段来破解应急管理工作中的重点、难点、痛点问题，推动应急管理事业的健康发展。

二、自然灾害管理体制

自然灾害管理体制，也称为"领导体制"或"组织体制"。自然灾害应急管理体制指的是在自然灾害发生时应急管理机构的组织形式，是一个由横向机构和纵向机构、政府机构和社会组织相互作用的复杂结构，包括应急管理的领导指挥机构、专项应急指挥机构以及日常办事机构等不同层级的机构①。

应急管理体制是以政府管理为中心，以中央政府为主导，各省政府配合管理的属地管理方式。国务院是执行机关的最高代表，也是我国自然灾害管理的最高行政机构，在国务院的总指挥下，还有减灾委员会等具体负

---

① 董晓波．突发事件应急管控体系指挥效能评估研究［J］．管理评论，2017（2）：201-207，220．

责自然灾害风险的管理工作。国务院最早于 2005 年成立了应急管理办公室，且在全国各级政府建立了具有应急管理的职能部门，像成立了一个统一领导、分级调控、相互协调、具有属地管理的应急管理体制。在 2018 年，国家进行了新一轮的机构改革，为了更好地适应发展的要求，应急管理部正式成立，并于 4 月 16 日正式挂牌，成为国务院 26 个正部级部门之一①。

目前，在防灾减灾救灾领域，国家层面有四个综合协调机构，分别是国家减灾委员会、国家防汛抗旱总指挥部、国务院抗震救灾指挥部和国家森林防火指挥部。这些协调机构及其工作机制在加强自然灾害管理、应对突发灾害方面发挥了重要作用。按照 2018 年 3 月国务院机构改革方案，这四个综合协调机构都已并入应急管理部。

①国家减灾委员会。国际减灾十年委员会更名为中国国际减灾委员会，2005 年经国务院批准改为现名。目前成员由国务院有关部（委、局）、军队、科研部门和非政府组织的 37 个单位组成，具体工作由民政部承担。其主要任务是组织、领导全国的自然灾害救助工作，协调开展特别重大和重大自然灾害救助活动。

②国家防汛抗旱总指挥部。1971 年中央防汛总指挥部更名为中央防汛抗旱总指挥部，1988 年更名为国家防汛总指挥部，1992 年改为现名。目前成员由国务院有关部（委、局）、军队的单位组成，办公室设在水利部。国家防汛抗旱总指挥部在国务院指导下，负责领导组织全国的防汛抗旱工作。

③国务院抗震救灾指挥部。成员由国务院有关部（委、局）、军队、科研部门和非政府组织的单位组成，具体工作由中国地震局承担。该机构负责统一领导、指挥和协调全国抗震救灾工作，承担国务院抗震救灾指挥部日常工作。必要时，成立国务院抗震救灾总指挥部，负责统一领导、指挥和协调全抗震救灾工作。

④国家森林防火指挥部。国家森林防火指挥部成立于 2006 年 6 月，具体工作由国家林业局承担，主要职责是指导全国森林防火工作和重特大森

---

①　蔡立辉，董慧明. 论机构改革与我国应急管理事业的发展[J]. 行政论坛，2018(3)：17-23.

林火灾扑救工作，协调有关部门解决森林防火中的问题，检查各地区、各部门贯彻执行林防火的方针政策、法律法规和重大措施的情况，监督有关森林火灾案件的查处和责任。

通过考察成员单位构成和机构职责可以看出，这四个协调机构的组织管理比较规范，但是在成员单位构成上存在交叉，在业务协调方面存在职能重叠、职责不清等问题。

在日常自然灾害预防和突发灾害救援时，以应急管理部为核心，协调各部门工作。应急管理部统管整个国家的自然灾害管理规划建设等一系列相关工作，处理具体的某项自然灾害时，则以该自然灾害所对应的某一部门主要负责、其他部门共同参与配合的模式来开展应急灾害管理工作，每一个专职部门都建立起一套适用于自身所管的自然灾害的管理机制。最后由国务院办公厅总协调。具体如图5.2所示。

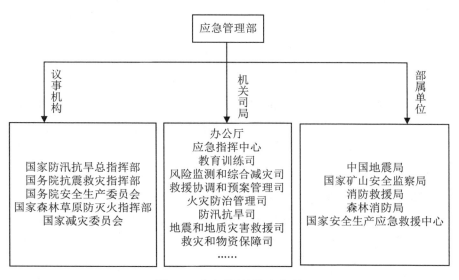

图5.2　应急管理部组织机构

各部门、各地方也纷纷设立专门的应急管理机构(表5.2)，如国家成立了应急管理部，防汛抗旱、安全生产、减灾、抗震、海上搜救等专业指挥机构也进一步完善，外交部、铁道部、卫生部、民航总局、气象局等部门设立了专门的应急管理办事机构。31个省(区、市)和5个计划单列市相继成立了应急管理领导机构,组建或明确了办事机构。除应急管理部外,在国家层面还设立了几个减灾相关的指挥部,主要包括国家防汛抗旱总指挥部、国务院抗震救灾指挥部、国家森林草原防火指挥部等。如湖北成立了湖北省突发事件应急管理委员会,统一领导全省突发事件应对工作。下设办公室(省应急办)作为日常办事机构。在城市应急管理体制建设方面,南宁、北京、上海、广州、重庆等根据不同的需求状况和城市规模建立集权、代理、授权、网络等不同模式的应急管理体制。同时针对不同类型、不同领域的突发事件我国也分别建立了相应的应急管理体制。例如,在气象灾害方面,各级政府及有关部门根据气象灾害应急的要求明确了管理机构。国家气象部门建立了应急管理办事机构,由专职人员承担值班任务负责协调气象部门应急工作,并指导省级气象部门处置气象灾害及相关突发事件的气象保障工作。

表5.2 典型重特大灾害及其管理部门

部门	主 要 职 能
民政部	组织协调抗灾救灾工作;组织核查灾情,统一发布灾情信息,管理和分配中央救灾钱款物资;组织、指导救灾捐赠;拟定组织并实施减灾规划,开展国际减灾合作
国土资源部	负责地质灾害的检测以及预警;协助抢险救灾,国务院国土资源行政主管部门负责全国地质灾害应急防治工作的组织、协调、指导与监督
水利部	发布汛情、旱情相关信息,组织协调以及指导全国的防汛抗旱工作,负责灾后水利设施的恢复
农业部	负责组织重大农作物虫草鼠害、动物疫病、草原火灾防治工作,帮助、指导灾后农业生产恢复
林业局	负责沙尘暴、重大林业有害生物以及森林火灾的监测和防治工作
地震局	组织地震监测和震情分析;地震局负责国务院抗震救灾指挥部办公室的日常事务,收集地震信息,管理地震灾害调查和损失评估工作,管理地震灾害紧急救援工作

部门	主 要 职 能
气象局	负责气象灾害的实时监测、预警以及预报，做好救灾气象保障服务；参与政府气象防灾减灾决策，组织对重大灾害性天气跨地区、跨部门的气象联防，组织指导防御雷电、大雾等气象防灾减灾工作，管理人工影响局部天气工作
海洋局	负责组织发布风暴潮等海洋灾害的预警预报

在我国的灾害管理体系中，政府及有关部门是进行自然灾害治理工作的主体。我国自然灾害主要的治理部门有地震局、气象局、海洋局、水利部门、建设部门、民政部门、国土资源部门、农业部门、林业局、地方政府等，同时财政部门、发改委、卫生部门、交通运输部门、通信部门、电力部门等还要予以协助；当发生重特大自然灾害时，军队还会参与到救灾中，如 2021 年河南洪水事件，人民军队就加入了救灾赈灾(表 5.3)。

表 5.3   自然灾害治理部门

自然灾害种类	治 理 部 门
雪灾、暴雨、低温	气象部门、民政部门、地方政府
干旱、洪涝	气象部门、水利部门、民政部门、地方政府
地震	地震局、建设部门、民政部门、地方政府
滑坡、泥石流、坍塌	国土资源部门、地方政府
森林火灾、草原火灾、森林病虫害、农业病虫害	林业部门、地方政府
海啸、赤潮	海洋部门、民政部门、地方政府

除此之外，国务院还设置了一个具有协调性质的部门——国家减灾委员会，其并非一个独立的政府机构部门，部门职能分散到了相关的中央政府部门、军队、研究院以及相关的非政府组织机构。如图 5.3 所示。

湖北省也设置了减灾委员会，主任由常务副省长担任，办公室设置在

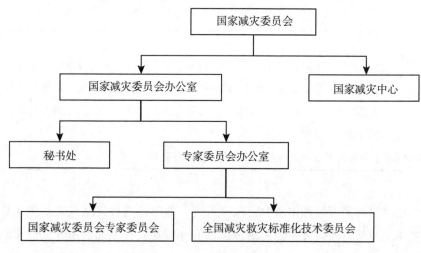

图 5.3　国家减灾委员会的组织结构

应急管理厅。湖北省减灾委员会的主要职责包括：落实中央、国务院防灾减灾救灾重要决策和省委省政府的具体要求，统筹全省防灾减灾救灾的规划和政策等，敦促各地区开展防灾减灾工作；省减灾委员会办公室负责日常工作，协调解决具体问题和组织机构常规性活动。

　　湖北省的自然灾害风险管理则由湖北省应急管理厅负责，其主要职责为负责应急管理工作，统筹全省综合防灾减灾救灾工作。①拟订自然灾害应急管理等政策措施，组织编制全省应急体系建设、综合防灾减灾规划，起草相关地方性法规、省政府规章草案，组织制定相关规程和标准并监督实施；指导全省自然灾害应急预案体系建设，对自然灾害实行分级管理、分级应对，组织编制省总体应急预案和自然灾害类专项预案及衔接工作，组织开展预案演练，指导应急避难设施建设。②牵头建立全省统一的应急管理信息系统，建立综合应急信息平台，实现自然灾害信息科学、准确、及时传输和共享，建立预警监测和灾情的报告制度，依法统一发布灾情；组织指导协调全省自然灾害类突发事件的应急救援。③协助上级组织特别重大灾害应急处置工作。④组织协调重大自然灾害的指挥、协调工作，对突发事件进行综合研判。⑤组织协调消防工作，指导市县火灾预防、火灾扑救等工作；指导协调森林和草场火灾、水旱灾害、地震和地质灾害等防治工作，负责自然灾害综合监测预警与综合风险评估工作。⑥组织协调灾害救助工作，组织指导灾情核查、损失评估、救灾捐赠工作，管理、分配救灾款物并监督使用。⑦承担省自然灾害和事故灾难应急、减灾救灾等议事协调和指挥机构的日常工作。

除了湖北省应急管理厅之外，还有湖北省自然资源厅、湖北省水利厅、湖北省林业局、湖北省地质局等机构负责自然灾害方面的管理。

湖北省自然资源厅负责落实全省综合防灾减灾规划相关要求，组织编制地质灾害防治规划和防护标准并指导实施；组织指导协调和监督地质灾害调查评价及隐患的普查、详查、排查；指导开展地质灾害监测预警、工程治理、群防群治工作。

湖北省水利厅负责落实全省综合防灾减灾规划相关要求，组织编制洪水干旱灾害防治规划和防护标准并指导实施；承担水情旱情监测预警工作；组织编制重要江河湖泊和重要水工程的防御洪水抗御旱灾调度和应急水量调度方案，按程序报批并组织实施；承担防御洪水应急抢险的技术支撑工作；承担台风防御等极端天气期间重要水工程调度工作。

湖北省林业局负责落实全省综合防灾减灾规划相关要求，组织编制森林火灾防治规划，建立常态化的巡查、巡护制度及标准规范，增加防火设施的建设，加强宣传教育、监测预警、督促检查等工作。

湖北省地质局承担地质灾害应急救援的技术支撑工作。

湖北省其他有关部门负责落实全省综合防灾减灾规划相关要求，按照全省总体应急预案和安全生产类、自然灾害类专项预案的职责分工，执行省应急指挥机构指令。

湖北省应急管理厅下设应急指挥中心、教育训练处、风险监测和综合减灾处、防汛抗旱处、地震和地质灾害救援处、森林火灾救援管理处和救灾和物资保障处等机构，分别承担不同的职能。如图5.4所示。

应急指挥中心承担应急值守、政务值班等工作；拟订事故灾难和自然灾害分级应对制度，发布预警和灾情信息，衔接解放军和武警部队参与应急救援工作；统筹全省应急预案体系建设，组织编制全省总体应急预案和安全生产类、自然灾害类专项预案并负责各类应急预案衔接协调，承担预

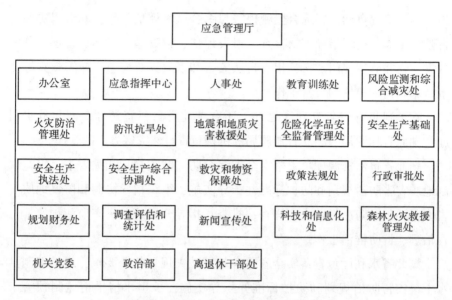

图 5.4　湖北省应急管理厅部门构成图

案演练的组织实施和指导监督工作；承担全省应对重大灾害指挥部的现场协调保障工作，指导市县社会应急救援力量建设和管理，协调跨区域应急救援力量与现场保障。

教育训练处负责全省应急管理系统干部教育培训工作，指导应急救援队伍教育训练，负责所属培训机构、基地的建设和管理；组织指导应急管理社会动员；承担综合性应急救援队伍的人员招录、培训、考核等有关工作；组织管理安全生产培训考试工作。

风险监测和综合减灾处负责建立重大安全生产风险监测预警和评估论证机制，承担监测预警、防灾减灾救灾能力调查评估等工作。

防汛抗旱处组织协调全省水旱灾害应急救援工作，协调江河湖泊水量调蓄、台风防御和水工程建设指导工作。

地震和地质灾害救援处组织协调应急救援和指导日常防治工作。

森林火灾救援管理处负责组织协调全省森林和草场火灾扑救和应急救援工作。

救灾和物资保障处承担全省灾情核查、损失评估、救灾捐赠等灾害救助工作；负责省级救灾物资的储备计划、收储、管理，对物资信息综合管理和调度；承担救灾款物的管理、分配和监督使用工作，协助转移安置灾区群众，开展灾后救助和恢复重建工作。

湖北省突发事件应急管理委员会(以下简称"省应急委"，如图5.5所示)

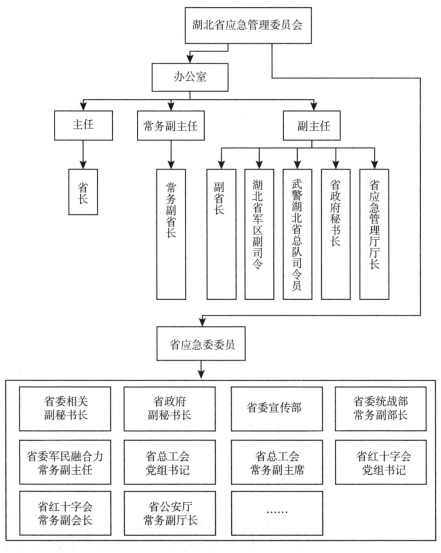

图5.5　湖北省应急委组成

是全省应急管理工作统一领导指挥协调机构，主要履行以下职责：贯彻执行国家有关突发事件的法律法规、各项预案和应急管理体系建设，明确各部门职责和任务；宣布启动和终止省级突发事件相关应急响应；负责研究部署、组织指导、指挥协调、监督考核全省应急管理工作；完成上级单位指定的其他应急管理任务；其他需要报请省应急委研究决定的事项。省级各专项应急指挥机构协调、配合省应急委对重大突发事件的防范与应对。

省应急委下设办公室(以下简称"省应急办")在省应急管理厅，办公室主任由省应急管理厅主要负责同志兼任，副主任由省公安厅常务负责同志、省卫生健康委主要负责同志和省应急管理厅相关负责同志担(兼)任。

省应急办承担省应急委日常工作，发挥运转枢纽作用，主要履行综合协调、信息汇总及发布、考核评估等职责；负责督促落实省委、省政府及省应急委有关应急管理工作的决定事项；承办或协调省政府应急管理的专题会议；组织开展全省应急管理体系建设等。

三、自然灾害应急管理机制

自然灾害应急管理机制，是指针对自然灾害而建立的国家统一领导、综合协调、分类管理、分级负责、属地管理为主的应急管理体制。整个工作机制主要负责预防与应急准备、监测监控、预警信息处理与发布、应急处置与救援，包括信息披露机制、应急决策机制、处理协调机制、善后处理机制等。

自然灾害应急管理实行常态与非常态结合的原则，建立统一高效的应急信息平台，建设精干实用的专业应急救援队伍，健全各类应急预案体系，完善应急管理法律法规，加强应急管理宣传教育，提高公众参与自救能力，实现社会预警、社会动员、快速反应、应急处置的整体联动，完善法律法规和政策措施，实行自然灾害风险普查和隐患治理，最大限度地降低自然灾害的影响。

国务院是自然灾害应急管理工作的最高行政领导机构，特殊情况下派出工作组协调指挥突发自然灾害的应急管理工作。国务院下设应急管理办公室，统筹应急、信息等综合职能，发挥运转枢纽作用。国务院有关部门依据有关法律、行政法规和各自职责，负责自然灾害相关类别的应急管理工作。地方各级人民政府是本行政区域突发公共事件应急管理工作的行政领导机构，同时，根据实际需要聘请有关专家组成专家组，为应急管理提供决策建议。

近年来，民政部门先后与财政、公安、军队、交通运输、铁路、总参等部门建立了灾后应急联动机制，协调救灾力量的快速部署和救灾款物的及时调拨，提高了救灾应急效率，成效显著。如2008年初南方低温雨雪冰冻灾害发生后，为给大雪围困地区运送救灾物资，民政部迅速启动应急联动机制，紧急协商解放军总参谋部作战部，动用9架直升机，克服大雾等天气及其他不利因素，为四川、广西的边远山区紧急空投御寒物资和方便食品，解决了受灾群众的燃眉之急。

从1988年起，中国国际减灾十年委员会（国家减灾委前身）和全国抗灾救灾综合协调办公室开始定期或不定期召集民政、水利、卫生、农业、地震、气象等部门、科研机构和专家召开会商会，汇总各单位和专家的信息，分析形势，形成了重大自然灾害会商制度。灾情会商会主要有四种形式：每年年底（或次年年初），对本年度（或上一年度）全年自然灾害情况进行商、核定和结评估；每年4月召开重大自然灾害趋势预测会商会，分析会商全年各类自然灾害的发生趋势，并在汛期前对汛期趋势做进一步会商；每月月初召开月度会商会，核定上月月度灾情，分析本月灾害趋势；重大自然灾害发生后，召开相关部门和省份参加的会商会，共同判断灾区形势，分析灾区需求，制定抗灾救灾措施。经过多年努力，在中央层面已形成比较成熟的灾情会商工作机制，各级地方政府也在积极推动灾情会商制度建设。

在自然灾害发生后，相关部委的人员将共同组成联合工作组，开展自然灾害救助等工作。如根据《国家自然灾害救助应急预案》，启动二级或三级响应后，组成由民政部部长或副部长担任组长、其他各职能部门人员为成员的工作组，赴灾区指导抗灾救灾工作，共同分析灾害形势和灾区需求，协调抗灾救灾行动，提出对灾区的支持意见。

在减灾救灾领域，涉灾部门往往会就一些重大专门事项开展部际间合作。2011 年 5 月，民政部与中国气象局联合签署《关于加强防灾减灾工作合作备忘录》，加强防灾减灾信息共享和灾害预警、评估合作，建立定期的沟通机制和信息共享机制，制定信息交换目录，及时共享相关信息。部分综合协调机构成立了由各专业学者组成的专家委员会，以发挥专业理论和技术在防灾减灾救灾领域的作用，提高灾害防御能力和水平。比如，国家减灾委就设立了专家委员会，主要发挥在决策咨询、规划建议、灾情评估和恢复重建过程中的智囊作用。

自然灾害发生后，事发地县级政府必须首先启动相关应急响应，先期开展防范和应急处置工作。按照突发事件类别和应急响应级别，较大以下（含较大）突发事件应由各地突发事件应急管理委员会及其专项突发事件应急指挥机构负责组织应对，省级各专项应急指挥机构负责指导协调；重大及以上突发事件应由省级各专项应急指挥机构负责组织应对。当突发事件扩大或复杂化，超出了省级专项应急指挥机构处置能力或处置职责时，可由省应急委直接指挥处置工作。当出现新类型或混合型突发事件，无法明确省级专项应急指挥机构时，由省应急委指定某个省级专项应急指挥机构牵头处置，或成立新的临时性指挥机构，或直接指挥处置工作。当突发事件再度升级，报经省委同意，成立由省委主要领导同志任指挥长的应急指挥机构，直接领导指挥处置工作。

省应急办与省各应急管理工作组和省级各专项应急指挥机构下设办公室工作机制。省应急办负责建立与省级各专项应急指挥机构、省应急委各委员单位应急联动机制，统筹指导协调省应急办工作组及省级各专项应急指挥机构下设办公室开展有关工作。在省应急办统筹指导协调下，省应急管理厅牵头成立省自然灾害管理工作组，承担省应急办自然灾害领域应急工作，具体履行自然灾害领域值守应急、信息汇总、综合协调等职责，指导协调自然灾害领域省级各专项应急指挥机构下设办公室工作；省公安厅牵头成立省社会安全应急管理工作组，承担省应急办社会安全领域应急工作，具体履行社会安全领域值守应急、信息汇总、综合协调等职责，指导协调社会安全领域省级各专项应急指挥机构下设办公室工作；省卫生健康委牵头成立省公共卫生应急管理工作组，承担省应急办公共卫生领域应急工作，具体履行公共卫生领域值守应急、信息汇总、综合协调等职责，指导协调公共卫生领域省级各专项应急指挥机构下设办公室工作。省各应急管理工作组组成单位及工作职责由牵头单位负责起草报省应急办另行发文。

在国家整体灾害防御机制的统筹下，湖北省也积极开展自然灾害体制机制改革。2017 年 9 月，湖北省政府颁布《中共湖北省委 湖北省人民政府关于加快推进防灾减灾救灾体制机制改革的实施意见》，要求完善社会力量和市场参与机制，加大法制建设和资金投入力度，开展综合减灾示范点建设，全面提升综合减灾能力。

截至 2021 年 3 月，湖北省已累计创建 663 个全国综合减灾示范社区，将示范区创建作为省政府年度工作目标统筹推进。综合减灾示范区的建设有利于推动基层应急队伍完善，提高基础设施完备程度，在应急预案、隐患排查、监测预警、灾害教育等方面具有先进引导作用，能切实提高广大人民群众的满意度、获得感、幸福感、安全感。

四、自然灾害应急预案

应急预案又称"应急计划"或"应急救援预案"，指针对可能发生的突发公共事件，为迅速、有效、有序地开展应急行动而预先制订地应急管理、指挥、救援方案。其一般应建立在综合防灾规划上，是在辨识和评估潜在重大危险、事故类型、发生的可能性及发生过程、事故后果及影响严重程度的基础上，对应急机构职责、人员、技术、装备、设施、物质、救援行为及其指挥与协调等方面预先做出的具体安排和行动指南。一个完整的应急预案应该包括以下重要子系统：完善的应急组织管理指挥系统；强有力的应急工程救援保障体系；综合协调、应对自如的相互支持系统；充分备灾的保障供应体系；体现综合救援的应急队伍等。

应急预案是标准化的灾害应急反应程序，以使应急救援活动能迅速、有序地按照计划和最有效的步骤来进行，它有下述六方面含义。

①灾害预防。通过危险因子辨识、脆弱性分析、灾害后果分析，采用技术和管理手段控制危险源、降低灾害发生的可能性。

②应急响应。指发生灾害后，明确各灾害等级响应的原则、主体和程

序。重点要明确政府、有关部门指挥协调、紧急处置的程序和内容；明确应急指挥机构的响应程序的内容，以及有关组织应急救援的责任；明确协调指挥和紧急处置的原则和信息发布责任部门。

③应急保障。是指为保障应急处置的顺利进行而采取的各种保证措施。一般按功能分为人力、财力、物资、交通运输、医疗卫生、治安维护、人员防护、通信与信息、公共设施、社会沟通、技术支撑以及其他保障。

④应急处置。指一旦发生灾害，具有应急处理程序和方法，能快速反应处理故障或将灾害事故消除在萌芽状态的初级阶段，使可能发生的事故控制在局部，防止事故的扩大和蔓延。

⑤抢险救援。指采用预定的现场抢险和抢救方式，在突发灾害事件中实施迅速、有效的救援，指导群众防护，组织群众撤离，减少人员伤亡，拯救人员的生命和财产。

⑥后期处置。是指突发灾害事件的危害和影响得到基本控制后，为使生产、工作、生活、社会秩序和生态环境恢复正常状态所采取的一系列行动。

预案的分类有多种方法，如按行政区域，可划分为国家级、省级、市级、区(县)和企业预案；按时间特征，可划分为常备预案和临时预案；按事故灾害或紧急情况的类型，可划分为自然灾害、事故灾难、突发公共卫生事件和突发社会安全事件等预案。

1. 按预案的编制与执行的主体划分

按预案的编制与执行的主体划分，应急预案可划分为以下四类。

(1)国家预案

国家预案强调对灾害事故应急处置的宏观管理，一般是以场外应急指挥和协调为主的综合性预案，主要针对涉及全国或性质特别严重的特别重大事故灾难的应急处置。

(2)省级预案

省级预案同国家预案大体相似，强调对灾害事故应急处置的中宏观管理，一般以场外应急指挥和协调为主，主要针对涉及全省或特别重大、重大事故灾难的应急处置。

（3）市级预案

市级预案既涉及场外应急指挥，也涉及场内应急指挥，还包括应急响应程序和标准化操作程序。所有应急救援活动的责任、功能、目标都应清晰、准确，每一个重要程序或者活动必须通过现场实际演练与评审。

2. 按照预案功能与目标划分

（1）综合预案

综合预案是总体全面的预案，处于预案体系的顶层，是在一定的应急方针、政策指导下，从整体上分析一个行政辖区的危险源、应急资源、应急能力，并明确应急组织体系及相应职责、应急行动的总体思路、责任追究等。综合预案以场外指挥与集中指挥为主，侧重应急救援活动的组织协调。

（2）专项预案

专项预案主要是针对某种具体、特定类型的紧急事件，比如为防汛、地震、危险化学品泄漏及其他自然灾害的应急响应而制定，是在综合预案的基础上充分考虑了某种特定灾害或事故的特点，对应急的形式、组织机构、应急活动等进行更具体的阐述，有较强的针对性。

（3）现场预案

现场预案是在专项预案基础上，以现场设施和活动为具体目标而制定和实施的应急预案，如针对某一重大工业危险源、特大工程项目的施工现场或拟组织的一项大规模公众集聚活动，预案要具体、细致、严密。现场应急预案有更强的针对性，对现场具体救援活动具有更具体的操作性。

（4）单项应急预案

单项应急预案是针对大型公众聚集活动和高风险的建筑施工活动而制定的临时性应急行动方案。预案内容主要是针对活动中可能出现的紧急情况，预先对相应应急机构的职责、任务和预防措施做出的安排。

3. 按照应急对象的类型划分

突发事件是预案的对象。不同类型的突发事件，其发生机理不同，所以针对不同类型的突发事件要建立不同的应急预案，如自然灾害应急预案、事故灾难应急预案、公共卫生事件应急预案、社会安全事件应急预案。

在自然灾害应急预案这个大的类型中，又可以划分为抗震减灾应急预案、抗洪防涝应急预案、恶劣天气应急预案，等等。

根据可能的灾害事故后果在影响范围、地点及应急方式等方面的不同，在建立灾害事故应急救援体系时，可将灾害事故应急预案分为5种级别。如图5.6所示。

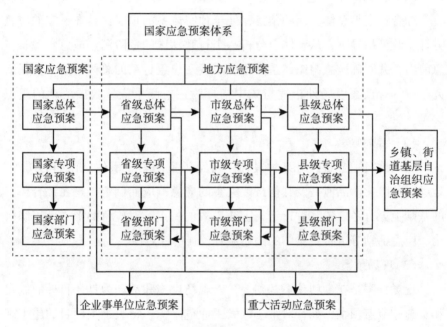

图5.6 灾害事故应急预案体系

Ⅰ级(企业级)。灾害事故的有害影响局限在一个单位(某个工厂、火车站、仓库、农场、煤气或石油输送加压站/终端站等)的界区之内，并且可被现场的操作者遏制和控制在该区域内。这类事故可能需要投入整个单位的力量来控制，但其影响预期不会扩大到社区(公共区)。

Ⅱ级(县、市/社区级)。所涉及的灾害事故及其影响可扩大到公共区(社区)，但可被该县(市、区)或社区的力量，加上所涉及的工厂或工业部门的力量控制。Ⅱ级(地区/市级)事故影响范围大，后果严重，或是发生在两个县或县级市管辖区边界上的事故，应急救援需动用地区的力量。

Ⅲ级(省级)。对可能发生的特大火灾、爆炸、毒物泄漏事故，特大危险品运输事故以及属省级特大事故隐患、省级重大危险源应建立省级事故应急反应预案。它可能是一种规模极大的灾难事故，也可能是一种需要动用灾害事故发生的城市或地区所没有的特种技术和设备进行处理的特殊事故。这类意外灾害事故需动用全省范围的力量来控制。

Ⅴ级(国家级)。对灾害事故后果超过省、直辖市、自治区边界以及列为国家级灾害事故隐患、重大危险源的设施或场所，应制定国家级应急预案①。具体见表5.4。

表 5.4　　　　　　　　　　　　国家级应急预案

时　间	预　案
2006 年颁布	国家突发公共事件总体应急预案
2006 年颁布	国家突发地质灾害应急预案
2006 年颁布	国家防汛抗旱应急预案
1991 年颁布，2012 年修订	国家地震应急预案
2012 年颁布	国家森林火灾应急预案
2006 年颁布，2016 年修订	国家自然灾害救助应急预案
2021 年颁布	国家综合防灾减灾规划(2021—2025 年)

第二节　湖北省自然灾害风险防范化解存在的主要问题

一、应急预案操作性、时效性不强

目前我国的应急预案体系已基本形成，但仍存在一些问题。首先，自

---

① 郑功成. 切实贯彻实施《国家综合防灾减灾规划(2016—2020 年)》[J]. 中国减灾，2017(1)：14-15.

然灾害应急预案的操作性不够强，现阶段，国家层面有国家总体的灾害预案，每个省也有其专属的省级灾害预案。但有些预案编写时未注重本地区的实际情况，没有进行科学的风险评估，预案的编制脱离实际风险情况，采取复制另外地区的预案的做法，对其做了微小调整后就变成本地区的自然灾害应急预案，造成应急预案笼统不切实际，影响了应急预案的实际可操作性，在灾害发生时发挥不了应急预案真正的效用。

目前，现有的自然灾害应急预案大多重视灾害发生后的应急工作，而轻视应急准备和相关应急保障措施，在面临灾害时只能被动地去进行抢险救灾工作，大大降低了应急预案防灾减灾的功能。并且，目前的应急预案的实效性不够强，国家总体的应急预案体系的建设成果不少，但是部分地方政府未能做到良好的对接，当地预案建设工作只是流于形式，制作原始，缺乏严谨的程序规范来指导制作，未能从实际情况出发去做当地的自然灾害应急预案，从而导致应急预案的内容与实际有效联系不足、针对灾害具体实施方案不够细致、应急预案制定后多年不修订、灾害应急演练不到位等问题①。

二、应急管理立法尚未健全

目前，我国针对自然灾害所出台的法规基本上都是单行法规，即针对某一种具体灾害的法规，即"一事一法"，不适用于其他自然灾害，相关兼容性不强。目前现行的自然灾害管理方面的法律法规有《中华人民共和国防震减灾法》《中华人民共和国防洪法》《森林防火条例》《地质灾害防治条例》等。这些法律法规具有很强的独立性，每项法律法规针对的是特定灾害，由特定的部门负责。但自然灾害发生时，所涉及的部门往往不止一个。虽然国家于2007年出台了《突发事件应对法》，但此法针对的是突发事件，其目标范围大于自然灾害的定义范围，适用于普遍的突发事件而不是针对自然灾害，内容涵盖仍不全面。

---

① 杨文婷. 湖北省社区防灾减灾能力的综合评价研究[D]. 武汉：武汉理工大学，2013.

早在 1959 年，日本就颁布了《灾害对策基本法》，美国在 1950 年颁布了《灾害救助法》并定期修订完善。反观我国自然灾害综合管理的立法还比较滞后，至今没有一部《防灾减灾救灾法》或《灾害管理基本法》，导致自然灾害防灾、减灾、救灾过程中无法可依。

同时，目前的自然灾害法制体系缺乏具体的配套制度和具体的实施细则，许多自然灾害相关法律立法操作性不强，其内容多为原则性的抽象的条文，对体制中有关机构的设置以及灾害发生时的权责划分等方面进行约束的法律法规不够完善，导致在灾害发生时，行政命令往往大于法治，大部分工作主要依靠行政协调而不是法律机制，不利于自然灾害法律体系的完善，更不利于顺利开展防灾减灾救灾工作，导致人民生命财产损失和社会秩序被破坏①。

三、重救灾轻减灾的思想比较普遍

自然灾害应急管理的运行机制指的是自然灾害管理体系在发挥其调控作用的动态方面，是实现发挥其管理职能的体现。目前我国在自然灾害应急管理过程中积累了一些经验，取得了一定成绩，在发生各类灾害时已经能基本保障受灾群众的各类基本生活问题。但在自然灾害管理体系的事件中，暴露出了其运行机制的一些不足。

社会认可的灾害风险管理全过程包括风险预防、应对准备、应急反应和恢复重建 4 个环节，但我国各级政府的工作重心整体偏后，重视应急指挥能力、应急救援能力、应急物资调度能力、灾后恢复重建能力等建设，灾前风险预防和应对准备工作比较薄弱，风险早期识别能力、灾害监测能力、预警预报能力等还有待提升。

例如，缺乏全面系统的防灾减灾概念，不能准确地认识到自然灾害对经济发展、社会稳定以及国家安全的严重影响，对自然灾害应急救援的重视程度远远大于灾前预防，对灾情和减灾相关的措施缺乏全面系统的分析和研究，在防灾减灾方面投入的资金相对薄弱；在防灾减灾和灾后重建方

---

①　王建平．自然灾害与法律[M]．成都：四川大学出版社，2018：293．

面，还未将自然灾害问题与经济发展、生态优先、绿色发展等方面综合考虑，未进行全面系统的管理，种种问题不仅严重影响自然灾害管理的水平，也造成较大经济损失和人员伤亡，需要不断在实践中予以解决。

四、协同治理机制有待加强

政府统一领导抢险救灾有利于快速整合救灾力量、统筹调配应急资源。但目前我国仍存在中央政府和地方政府分工不明确、权责不对等、协同不到位的问题。中央设立了减灾委员会、应急管理部，各地方政府也设立了应急管理厅、应急管理局等机构。但在灾害管理过程中，还暴露出一些问题，如应对灾害时过度反应，频繁发生的灾情导致部分机构和地方政府过度反应，造成资源的浪费；还有一些地方政府在自然灾害防治的问题上，上下级管理机构职能模糊加上沟通不畅，极易造成行政资源、应急资源的浪费，并导致地方政府产生对上级机构的依赖性，丧失主动作为的能力，在灾害发生时，通报上级后等待上级指示时错过了最佳的防治时期，错过了抢险救灾的宝贵时间，可能将小灾酿成大祸。还有同等级但不同部门之间的协同能力仍需提高，在自然灾害发生时，需要运作起来的不仅仅只是一个机构，而是多机构、多部门的联合救灾，但在救灾过程中，因为某些权责问题划分不当，容易产生救灾重复、救灾空洞等问题，这就需要各部门间建立起良好的协同机制，高效地进行救灾抢险工作。总体来看，我国自然灾害综合治理的协同机制还需不断完善，在机构设置和职能划分等领域还存在完善的空间，各级应急管理部门以及相关的自然灾害管理部门应当清晰职责、匹配权责，适应"总体国家安全观"的发展要求，加强从中央到地方的应急管理体系协同机制的建设。

五、缺乏常态化监督机制

通常，在自然灾害发生后，社会的注意力主要集中在如何尽快消除自然灾害对社会造成的损害，部分政府开展风险防控工作的动力来源于领导重视、上级命令、应付突击检查等，工作效率和质量难以制度化、常态保持。

例如，在灾害发生后因为灾情信息公开不及时，更有甚者在公开信息时故意瞒报、虚报，使得各个政府部门以及上级机构难以获得准确的信息，从而无法做出准确的判断，导致信息资源共享不到位以及救援不及时等问题，以至于可能产生次生灾害等问题。再如，在救灾时频繁发生的救援物资配置不均、救灾捐赠资金用途不透明等问题。但是追究这些违法主体责任的法律尚不完善，仅有的一些关于救援物资的规定也分散在各个灾害法中，尚无一个专门的监督机制来监督此事。

在自然灾害发生后，通常由议事协商机构进行动员组织，然后各个部门进行协调配合，在特别重大自然灾害发生时，军队武警部队也会出动，这种调动方式追求的是时效性，力求在最短的时间内集结最完备的力量来应对自然灾害引起的危害。在这种追求时效性的模式下，很多法律法规关于紧急权力的监督制约束机制缺乏明确的规范，关于如何保障公民权利在紧急状态下不受侵害的规定基本上是空缺的。我国在自然灾害的管理体系中的监督机制还比较薄弱，在我国现有的法律体系中，关于自然灾害管理过程中的国家监督管理权利的分配以及相关管理机构的义务和职责都没有明确的规定。

六、信息共享机制不健全

目前，我国建立的是以应急管理部为核心的应急管理体制，通过应急管理部统筹协调和指导各地区、各部门的自然灾害管理建设，但在现在"一部门主导、多部门协作"的新治理模式下，仍未打破传统的"灾种分割、部门分割"的格局，导致我国面对灾害的应对力量较为分散，各个自然灾害相关的部门均在自己所管辖的范围内建立相应的应对机制，不同部门缺乏必要的日常沟通协调，在重大自然灾害发生后，灾害所涉及的方面往往不止一个部门，只依靠一个部门的力量无法高效地解决灾情问题，但相关部门的信息交流沟通又略显不足。因此，部门间横向合作、信息共享机制还有待提升。

七、地区防灾水平差异较大

区域发展不平衡是我国目前面临的主要问题之一，这个不平衡在自然灾害风险防范中也有所体现。一些地方的城市和乡村受其经济发展水平能力所限制，无法形成有效的防灾减灾体系，导致此地区灾害设防水平较低，甚至有些地区因为经济原因，完全忽视自然灾害风险，不设自然灾害防护体系，导致在灾害发生时产生严重的后果，因灾复贫、因灾返贫的现象多有发生，循环如此，从而导致该地区因经济原因更不重视灾害防治。而在经济发展较好地区，则充分认识到了防灾减灾的重要性、必要性，形成了防灾减灾的良性循环。因此如何平衡发达地区与欠发达地区的灾害防护水平，如何将防汛抗旱、防震减灾等自然灾害防灾减灾工程建设融入欠发达地区的建设，是急需解决的问题。

八、灾害风险防范宣传教育不够

2015 年，《中国公众防灾意识与减灾知识基础调研报告》显示，目前我国只有极少数的居民会在日常生活中做到防灾准备(如在家备好防灾物资等)①，大部分居民从未参加过灾害相关的培训，在灾害发生时只能处于等待救援的状态，而不能自救。学校中的防灾减灾教育普及率相较会高一些，但目前学校中的防灾减灾教育主要集中在火灾、触电、溺水等自身安全教育方面，缺少的是在灾害发生时基本的应急避险以及自救互救能力(如在发生洪涝灾害时该如何自救、该如何指导他人自救等)。目前防灾减灾教育的宣传力度不断加大，但仍需努力，落到实处，这是一项长期、系统的工程，最终形成扎根于生活的防灾文化。

---

① 中国扶贫基金会．中国公众防灾意识与减灾知识基础调研报告[R]．2015.

第六章　国外自然灾害风险管理经验与启示

第一节　发达国家自然灾害风险管理经验与启示

一、美国自然灾害风险管理体系

美国是一个联邦制国家，其风险管理与防范体系也展现出联邦制国家的鲜明特点，例如州政府与联邦政府之间的协调机制等。

1950年通过的《灾害救助法》和《联邦民放法》是美国自然灾害风险防范和应急管理的母法，其后各州依据国会1988年通过的《罗伯特·斯坦福救灾与应急救助法》（简称《斯坦福法》）分别制定了具有各州特色的法规作为各州政府进行救灾行动的依据。美国联邦应急管理署（FEMA）根据《斯坦福法》于1992年制定了美国联邦紧急响应计划（FRP），规范了联邦政府在一个重大灾害中运用联邦政府27个单位实施12项紧急支持功能协助联邦与州政府的救灾应急机制①。

（一）主要管理机构和组织体系

（1）联邦应急管理署（FEMA）

目前，美国的自然灾害风险管理是以联邦应急管理署（FEMA）为中央

---

① 吴大明，宋大钊．美国应急管理法律体系特点分析与启示［J］．灾害学，2019，34（1）：157-161.

政府主体，配合州政府紧急服务办公室(OES)以及地方政府的紧急营救中心(EOC)。在重大灾害发生时，美国联邦政府、州政府与地方政府各设有对口机关相互协作，通过联邦(FEMA)—州(OES)—地方(EOC)的运作模式，直接迅速地完成防灾救灾决策。

在美国建国初期，并没有设立专门负责自然灾害风险防范和应急管理的部门或是机构，大的灾害都是依靠军方协助，只有救灾而没有风险管理与防范单位。直到1979年美国成立FEMA之后，才正式有了自然灾害风险管理防范机构。FEMA是美国联邦政府国际应急处理的独立、专责机构，直接向总统负责，其任务是通过一系列减灾、整备、应急以及复原管理计划，避免因各类自然灾害造成的美国公民生命健康和社会财产的损失。

FEMA中的减灾部负责对灾害易发地进行了解、评估和规划，也就是进行灾害的认定与危险性评估，其主要工作项目包括制订灾情图、台风疏散路线、地震损失评估、水坝安全调查以及综合大型灾害评估等内容。备灾部则负责一切灾害应急处理的准备工作，同时也负责灾害救援能力的培养，不断进行应急演习等相关事宜。

(2)美国国家紧急事故指挥体系

美国国家事故指挥体系(ICS)，目前是《国家紧急响应计划》的行动基础之一。1970年美国加州爆发森林大火，这场大火蔓延到了洛杉矶市，造成严重的经济损失。灾后，新的紧急事故指挥体系(ICS)应运而生。

紧急事故指挥体系(ICS)整合了联邦、州和政府的救灾资源，是一套具有共同性组织架构和标准化处理原则的救灾指挥体系。该体系能够协调、整合、指挥、调度和部署相关单位，在紧急状况下，能促进各个单位高效有效运行，保护国家和人民的生命财产安全。

(3)国家应急管理协会

国家应急管理协会是一个非营利性非党派协会，该协会的宗旨是提高国家应对自然灾害时的准备、响应和回复能力，以保障国家的公共安全能力。国家应急管理协会成立于1974年，由各州应急管理服务的负责人组成，来加强信息的交流沟通。1990年该协会成为州政府委员会的隶属机构，该机构为州政府委员会提供灾情信息并且作为州应急管理信息网络的支撑，在总体政策上对应急管理协会进行指导。

(4)州政府灾害管理机构

美国各州根据本州的情况以及该州的紧急管理法案成立属于本州的灾害风险管理机构，各州为了凸显特色，灾害风险管理机构名字各不相同，其主管主任经由州长提名后经过州参议院同意后任命，任期一般为两年。州政府灾害管理机构直接由州长及州政府决策小组负责。该机构负责统筹州内所有的应急管理工作并协调本州的各类应急管理单位高效运行。

(5)县、市防灾架构

每个州下面的县、市应单独设立应急管理署，县法官为县、市的防灾指挥官，但可指定特定专家为紧急协调者负责该县、市应急管理署，在自然灾害发生时可拟定紧急管理计划送交至州应急管理处审核批准。县、市应当成立应急管理机构负责该县、市的紧急设备，负责明确政府、私人企业以及志愿团体在紧急状况下的工作与责任，协调各单位的应急管理工作，推动县与县之间的互助协议。每个州内的县、市应当成立负责防灾的机构和公共事业企业，共同面对应付自然灾害等突发紧急状况。

(二)美国灾害应急管理机制

(1)国家级应急管理

当发生紧急事件时，联邦应急协调中心首先成立应急支持队(EST)负责所有的联邦应急资源的调度。在灾害进一步扩大时，将成立重大灾害应急组(CDRG)来处理联邦内所有的灾害事宜。如图6.1所示。

(2)地方级应急管理

自然灾害发生后，联邦政府先在受灾地成立灾害营救中心(ROC)，由灾害营救中心派遣应急队先遣小组(ERT-A)，在联邦协调官(FCO)的指挥下，统筹规划联邦里面各项应急支持功能(ESF)，成立应急响应队(ERT)，如图6.2所示。

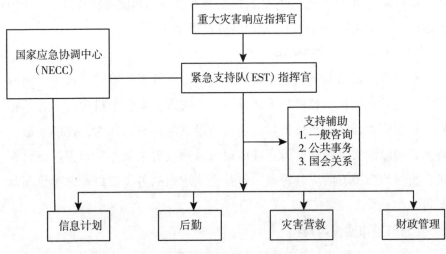

图 6.1 国家级应急管理

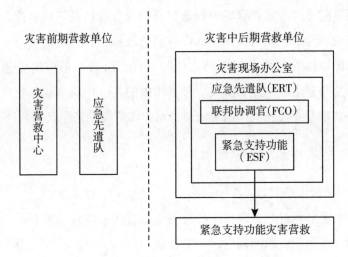

图 6.2 联邦与地方应急管理互动关系图

（3）各级自然灾害应急管理人员与其所在组织（图 6.3）

（4）自然灾害应急流程

自然灾害发生时，联邦政府在联邦紧急作业中心（NECC）建立紧急支持队（EST），统筹管理联邦紧急支持功能（ESFS），联系联邦各机构的灾害

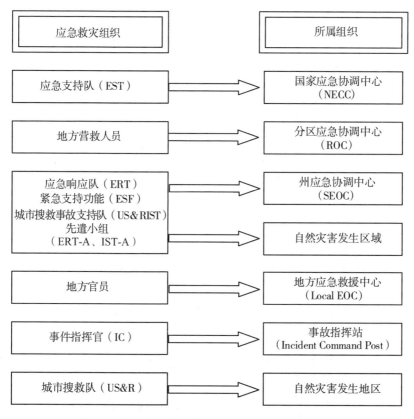

图 6.3 各级灾害应急救灾组织与其所在组织对照图

营救作业中心(EOCS),同时在受灾地区设置分区应急作业中心(ROC),派遣应急先遣小组(ERT-A)至州灾害应急中心(SEOC)及灾害现场评估灾情。当控制不住灾情时,则再设置灾区现场办公室(DFO),派遣紧急事故应急小组(ERT)。如图 6.4、图 6.5 所示。

二、日本自然灾害风险管理体系

日本处于亚洲大陆与太平洋之间的大陆边缘地带,因此地震活动频繁,除此之外,洪水、台风和暴雪等自然灾害也频繁发生。恶劣的地理与气候条件给日本政府的灾害风险管理造成了严峻的挑战。

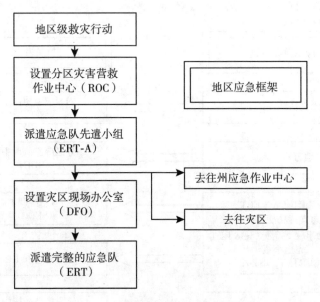

图 6.4　地区级救援行动步骤流程图

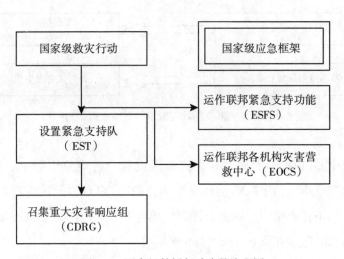

图 6.5　国家级救援行动步骤流程图

日本的自然灾害管理与防范体系的良好运行，主要是依靠法律体系的保障作用，日本针对各项自然灾害以及灾害的预防、防范体系的建设、灾后救援、灾情调查与警报、恢复与补助等制定了一系列的规章制度，以保证防灾、减灾、救灾以及灾后恢复等工作的正常进行①。

日本自然灾害风险管理建设最早可追溯到 1880 年颁布的《备荒储备法》，该法的建立是为了确保在饥荒年间能够有足够的粮食和物资供应。经过 100 多年的发展，日本目前形成了以《灾害对策基本法》为基础，由《灾害管理基本法》《灾害预防法》《灾害应急对策法》和《灾害重建及其财政金融措施法》等法律构成的自然灾害管理法律体系。根据自然灾害发生的周期规律，日本颁布了围绕备灾—应急响应—灾后恢复重建各个阶段的专门法律以及相关法律，使自然灾害各个阶段的活动有法可依。

为防止各种自然灾害，加强防灾减灾工作，日本实行综合防灾、多灾并防、统一组织、统一协调、分级负责的组织形式，中央设置以内阁总理大臣为首的中央防灾组，设置专门的防灾机构，组织协调全国的防灾减灾工作。

日本中央政府依据《灾害对策基本法》中对于自然风险灾害管理的相关规定制定适合整个日本的防灾基本计划和政策。各指定行政机关以及指定的公共机关必须制定出与本机关相关的防灾计划，各级地方政府的防灾委员会需制定出地方范围内的地区防灾计划。

日本政府和国民均很重视自然灾害的预防，灾害的预防对策主要从防灾基础设施的建立、水土的保护工程、防灾教育训练等多方面开展。有关部门印制自然灾害宣传手册，给民众科普各类风险以及应对方法。运输省的气象局负责日本本土的气象和地震监控预警，实时向民众发布台风警报和地震警报。建设省的河川情报中心负责水雨晴信息的收集处理，发布水雨晴信息和防汛警报②。

自然灾害未发生时，日本政府灾害处置地决策运作过程是中央—都(道、府、县)—市(町、村)三级制，各级应急管理部门都会定期召开防灾

①　杨黎．日本自然灾害的信息传播及对我国的启示[D]．武汉：华中师范大学，2009.

②　姚国章．日本自然灾害预警运行体系管窥[J]．中国应急管理，2008(2)：51-54.

会议，制定防灾计划并落实。灾害发生时，灾害所在地的地方政府将成立灾害对策本部，由灾害对策本部进行统一的灾害情报收集及应急指挥管理。同时，日本政府将根据灾害发生的严重程度决定是否设立紧急灾害对策本部，该部将在国家层面统一实施灾害应急措施，以此保证灾害救助工作有条不紊地进行(图 6.6)。

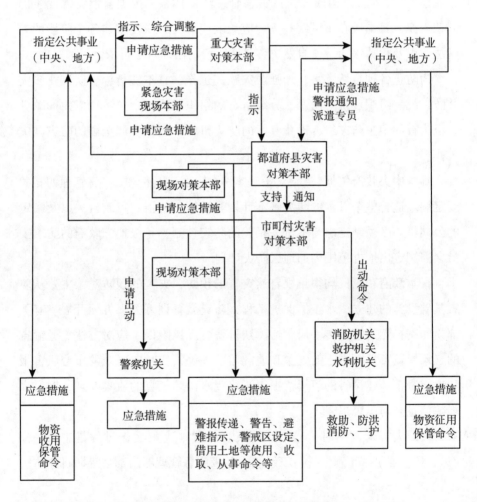

图 6.6 日本救灾及灾害应急流程图

自然灾害发生后，将按照《公共土木设施灾害复旧事业费国库负担法》

进行灾情调查以及灾后恢复工作。财政部门会同有关部门核实灾情，在自然灾害中受损坏的土木公共设施、集体公共设施的修复将由国家直接负责实施。

日本的防灾法规定内阁作为主管机关，在其下设有防灾大臣，专门负责处理灾害预防相关事务，定期主持召开内阁防灾会议，统筹协调各都道府县相关机构的防灾救灾事宜，对于灾害救助具有政策制定及指挥监督权，并不直接负责执行各项具体的灾害救助事项。

日本中央机关及地方政府分别制定了防灾救灾计划，以使各级机关人员能在平时有效执行各项防灾事宜。防灾救灾计划可分为防灾基本计划、防灾业务计划、地区防灾救灾计划。防灾基本计划是由中央防灾会议制定的，其内容包括关于防灾救灾综合长期计划，中央防灾救灾会议认定的必要的防灾救灾事项等。防灾业务计划是由指定的行政机关与指定的公共事业机关根据其所工作的业务，进行防灾救灾措施和地区防灾救灾计划标准的制定。地区防灾救灾计划是由都道府县以及市町村分别根据本地的灾害特性，制定的有关灾害预防、灾害应急、灾害恢复重建等计划①。如图6.7所示。

三、法国自然灾害风险管理体系

法国位于欧洲中西部，陆地面积为 544965 平方千亩，人口约为 6000 万人。法国国土受多种自然灾害的威胁，其中以气象灾害、滑坡、洪水最为严重。根据法国的一项统计，过去 20 年，法国 80% 的地区都遭受过不同程度的气象灾害的影响。法国目前共有 36000 个社区，其中有 21000 个社区都处于灾害风险之中。法国政府一直很重视自然灾害的减灾工作，1982 年法国首次提出灾害的预防政策，及灾害暴露规则（PER），目的是在自然灾害风险区制定合理的土地利用规划条例。因为当时缺乏经济手段，

---

① 李慧婷. 日本近现代灾害应对管理体系变迁研究［D］. 焦作：河南理工大学，2017.

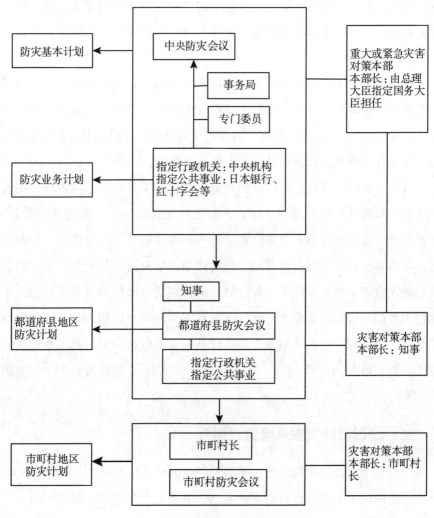

图 6.7　日本防灾决策运作体系图

以及更多的是政治因素作用，上述措施都没能在自然灾害风险防范和应急管理中发挥应有的作用。到了 20 世纪 90 年代，法国政府决定重新启动国家自然灾害防御政策，于 1995 年提出了目的在于减轻自然灾害的预防规划，颁布了"95/101 法"，即灾害防治规划（PPR），并在国家层面对此进行了大力的推广实施，将其纳入城市的开发规划。因为其具有法律上的效力，法国的自然灾害管理真正从工程性的具体措施转变为了非工程性的预防性措施。法国的自然灾害风险管理与防治计划主要是由中央政府实施，这与大多数西方联邦制国家的做法不同。

风险预防、公共安全、灾害损失补偿是当前法国自然灾害风险防范和应急管理的三个主要方面：在风险预防方面，由生态与可持续发展部负责具体事务，其主要任务是制定自然灾害风险的预防规划；在公众安全方面，由国家紧急事务办公室负责，其主要职责是进行灾后救援重建等工作；在灾害损失补偿方面，由财政部和商业部共同主持，对进行过灾害投保的财产进行补偿。

风险预防规划是法国自然灾害管理的重要组成部分。该规划将土地利用、人文信息以及重大自然灾害事件联系起来，旨在通过合理的规划手段来降低自然灾害对国家人民生命财产安全的影响。法国灾害防治规划（PPR）的目标是通过评定出各区域的风险级别，给予无风险或低风险地区优先发展权，对风险较大地区提出相应的城乡规划计划以及建设、管理等方面的指导和建议。中央政府中由生态部负责指导州一级的政府部门制定辖区内的风险预防规划，并为州政府提供技术支持，每5年进行一次灾害防治规划的修订。编制自然灾害风险预防规划和具体实施该规划的职责在省政府，各个社区共同分担省内自然灾害风险预防的责任。州政府负责建立并维护社区的风险信息系统，每2年进行一次数据更新。州政府还负责建立中央保险基金，负责执行自然灾害的强制保险——CAT-NAT。

法国灾害防治规划的编制一般包含3个阶段：①编制灾害防治规划的命令下达阶段，一般由中央政府向地方政府下达编制灾害防治规划的指令；②向民众进行咨询调查，问询他们对灾害防治规划的意见；③灾害防治规划公示阶段，灾害防治规划一旦经过中央政府的审批，随即成为该州的法规。如图6.8所示。

法国的灾害防治规划一般由两部分组成：①灾害防治规划报告，详细说明预备规划区的自然背景条件、自然灾害的风险程度、风险预防的针对目标以及该规划预计实施的法律措施等；②用地规划，将不同地区的土地进行不同的用途，圈定禁止进行开发的红色区域以及可以进行建筑物建造及相关工程活动的蓝色区域，并出台相关规章制度对此进行详细说明。

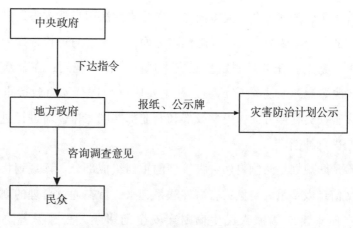

图 6.8　法国灾害防治规划制定流程图

四、美、日、法的经验与启示

美、日、法三国在自然灾害的管理中逐渐形成了具有本国特色的自然灾害管理体系，其浓缩了每个国家对自然灾害和灾害管理的思考。美国的法律体系较为完整，在国家层面有指导救灾的统一法律，在法律中对救灾的应急机制和救灾机制规定得都比较清晰明确，且在联邦层面制定的具体执行救灾的相关法律有较强的协调性，各联邦之间救灾配合性较好。日本也建立了较为完善的风险防范体系——以《灾害对策基本法》为基础，且针对各灾种制定了专项法律；日本政府赋予了国家在防灾行政上强大的公共权力，形成以国家机关为主导的防灾减灾体制和国库负担制度，并规定了公共事业单位、一般居民都有义务参与灾害防护。法国的灾害管理主要是通过风险预防规划实现的，通过规划手段来降低自然灾害造成的影响。发达国家的自然灾害风险管理政策和体系框架对我国构建适合自己的自然灾害风险防范和应急管理体系有一定的启示和借鉴作用，但仍需联系实际，从国情出发，不能生搬硬套①。

通过比较美、日、法三国的自然灾害风险管理与防范体系，总结出了对我国防灾减灾的一些建议。

①从国情出发建立我国自己的防灾减灾救灾法规体系，设立专门部门负责防灾减灾救灾工作，明确各个相关部门之间的职权关系。对于发生频率高、预期损失严重的自然灾害，需要制定专门的法律条文来指导各组织及个人的自然风险防范。

②加强政府在自然灾害风险防范中的作用，依法建立防灾、减灾组织，要保障自然灾害风险管理与防范体系高效运行，要规范各级政府组织对自然灾害风险管理与防范的工作，保障体系运作的高效和高要求，将自然灾害风险、灾情、受灾情况等如实上报，以免无法采取相应的响应措施导致延误救灾减灾工作，造成不必要或更大的损失。

③对于已制定的自然灾害风险管理与防范体系，应当设立监督管理部门，确保各级政府、各相关部门、各组织自然灾害风险管理与防范体系工作的认真落实，实现分级管理、分级负责、分级承担的原则。小灾害由地方各级政府承担，大灾害由中央政府牵头，地方政府协作承担。

④加大政府投入，鼓励民间资本的投资投入建立和维修防灾减灾设施、灾害修复和重建等灾害管理防范体系，加强自然灾害风险管理和防范投资收益化、成果化，充分调动民间资本投资的积极性。

第二节　发展中国家自然灾害风险管理经验与启示

一、印度自然灾害风险管理体系

印度位于南亚次大陆、南临印度洋与阿拉伯海，具有典型季风气候特点，河流分布广泛，是世界上发生各类自然灾害最为频繁的国家之一，其

---

① 王瓒玮. 日本探索防灾减灾新思路[N]. 中国社会科学报，2020-10-12(007).

独特的地理位置与地理特征导致了印度频发洪涝灾害、旱灾、地震、山体滑坡、雪崩等自然灾害。由于常年遭受各种自然灾害的影响，印度这些年逐步建立了较为完善的防灾减灾体系和相应的组织机构。印度政府进一步完善了灾害管理机制，并在中央、邦、县和乡（村）级政府建立了专门的灾害管理机构。印度属于联邦制国家，其宪法规定，遇到自然灾害时，邦政府全权负责救灾工作，中央政府则向灾区支援各种救灾资源，如交通运输、灾情信息、救灾物资跨区调运等①。

印度的自然灾害风险管理体系建设源于印度政府建立之初为应对各种自然灾害所制定的《国家突发事件行动计划》，在其中提出了各级政府部门应对灾害的对策，制定了一系列灾害对应工作程序，明确了各部门的救灾职责，以便迅速高效地开展救灾行动。印度政府部门还会根据出现的新情况及时对《国家突发事件行动计划》进行修订，以适应新的变化。印度还制定了专门针对自然灾害的财政救灾计划，以更好地协助地方开展救援工作，并定期对自然灾害管理的财政开支计划进行修订。随着《国家突发事件行动计划》的逐渐完善，印度形成了较为完善的自然灾害风险管理体系架构。

印度在英国殖民时期就设立了国家灾害管理委员会，并一直沿用至今，其主要职能为决策和协调相关部门间的救援工作。现任印度主席一般兼任国家灾害管理委员会的主席，副主席由内政部长担任，与自然灾害相关的内阁部门的副部长均为其成员。灾害发生时，灾害发生地所在联邦将会请求联邦政府的国家灾害委员会派出救灾小组到联邦来对灾情进行灾情评估并提出救援计划，且救灾小组会协助联邦政府开展相应的救援措施。

印度的各个联邦为灾害预防管理实施的主要机构，其总负责人由联邦的最高行政长官担任，具体的防灾、赈灾、救援工作由专员落实实施。各

① 武淑慧，李根忠."一带一路"倡议沿线国家经济发展现状及自然灾害分布特征分析[J]. 农业灾害研究，2021，11（1）：80-82.

邦还设立了由邦政府首席秘书任组长的邦危机管理小组,邦政府的相关部门的负责人是这个小组的主要成员,邦危机管理小组直接对邦首席部长负责。

印度的县级政府为灾害预防、灾害救援及灾后重建工作的具体实施机构,县长为灾害管理的总负责人。在县里建立有关减灾工作的协调委员会,由县财政局长直接负责,县级政府的所有相关部门的负责人任协调委员会的常任委员,其具体职责是根据邦政府的安排开展具体的工作。

印度的各级乡政府设有减灾办公室,有些地区因为其特殊性,还设有村或社区减灾办公室,其职责是执行县减灾机构的减灾计划并具体开展全乡的减灾宣传、灾后救援等工作①。

二、菲律宾自然灾害风险管理体系

菲律宾地处东南亚,位于环太平洋火灾和台风带的突出位置,整个国土有大量的群岛,因此海洋灾害极为严重。有统计显示,每年约有20次台风肆虐菲律宾国土地区,其中超过半数的台风会对菲律宾影响较大,使得菲律宾各地遭受严重的损失。每年发生的自然灾害对菲律宾的国家及国民经济带来了严重的破坏。根据世界银行的一项统计显示,菲律宾国土总面积的50.3%和总人口的81.3%抗灾能力低下。根据联合国大学环境和人口安全研究院发布的《世界风险研究》,菲律宾灾害风险指数为27.98%,在全世界排名第三。

菲律宾针对自然灾害的应对措施是准备和实施全国性的国家灾难和灾害防御计划。该计划是为了加强菲律宾政府对灾害的控制能力以及整个社会对灾害的反应能力。按照该计划,在灾害发生前,各级别的灾害协调委员会收到灾害信息并进行一系列防灾工作。该委员会肩负着预测风险信息和发布警报信息等职责。且菲律宾国内具有通信警报功能的各种机构,如

---

① 王雪臣,冷春香. 气候变化引发的自然灾害对策研究——印度个例的启示[J]. 气候变化研究进展,2005(2):88-90.

相关的广播机构、电视媒体等也参与到灾情警报活动中。

菲律宾政府对灾前防护比较重视，在许多自然灾害防范计划中，就已经将灾前防护的相关计划写入其中。该计划将灾害易发地的部分人加以必要的灾害培训，定期进行灾害演习，以加强灾害易发地部分人员对灾害的应对能力。同时，自然灾害发生后的救灾工作也是该计划的主要组成部分，该计划原则上是从每个家庭的防灾救灾计划开始，家庭防灾计划完成后，乡一级的政府开始完善乡一级的防灾计划，逐层递加，最后到达国家层面。

菲律宾的灾害风险管理与防范很依赖大众媒介和广播，在诸如雨季或台风期来临时，菲律宾的媒体均会传达警报给民众，以做好灾前防护；其还会定期在报纸或广播电视网络上进行安全与防灾相关的教育，但收益甚微。

在菲律宾灾害风险管理中，还有一个重要的部分是志愿机构的参与，它们的领导机构是菲律宾国家红十字会和菲律宾安全委员会。菲律宾国家红十字会是执行综合性灾害防御和灾后救济重建的机构，菲律宾安全委员会是协调机构，对所有从事灾害管理的机构进行调度，以期在灾害发生时能有快速响应的反应能力。另外，有些民间及宗教组织也会以各种形式参与救济和重建活动。

三、泰国自然灾害风险管理体系

泰国位于东南亚地区的中心地带，是一个自然灾害频发的国家，根据资料显示，泰国最为频繁的自然灾害是洪涝、干旱以及由于强降雨引起的泥石流。泰国地势北高南低，与缅甸西北部相邻，与老挝接壤的东北部山地中，数条河流因循地势流淌，最后在纳空沙旺附件汇聚成为湄南河，最后注入泰国湾。这些河流受热带季风气候的影响，在每年的雨季时，河水都会暴涨，经常性引起洪涝灾害。为减少和预防灾害的发生，泰国政府做了不少努力，在 2004 年印度洋海啸之后，泰国政府建立制定了与防灾减灾相关的法律法规，从各方面加大投入，在灾害管理体制的建设方面取得了不少成效。如图 6.9 所示。

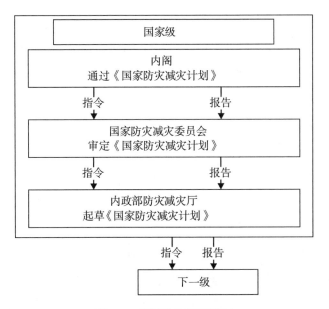

图 6.9　泰国防灾管理体制

泰国政府的灾害管理通过立法形式来保障。在长期应对各种灾害的过程中，泰国曾制定过很多与减灾防灾相关的法律，如《2007 年防灾法》等。《2007 年防灾法》作为泰国防灾体系的根本大法，规定了防灾政策的批准、审定以及实施过程，明确各部门在防灾减灾中的责任划分。为了配合防灾救灾相关法律的具体实施，泰国政府要求从中央到地方各级政府都要制定符合自己等级的防灾计划。例如，中央政府的内务部防灾减灾厅就负责起草《国家防灾减灾计划》，由国家防灾减灾委员会负责审核通过；而县级的防灾减灾委员会则负责县级防灾减灾计划的起草与审定。防灾计划的内容均包括灾害预防、灾害应急以及灾后重建等内容，但根据机构的层级不同，其具体内容会有所差异。此外，泰国的一些企业、社区以及民众也会在政府的规定下参与防灾减灾计划的制定。

在泰国的自然灾害管理中，国家防灾减灾委员会的作用十分明显。该委员会的主席一般由泰国的总理担任，内政部部长担任常务副主席，其余副主席一般由内阁各部门副部长担任，其成员还包括有关城市规划、防灾减灾方面的5位专家。该委员会的主要任务是审定国家防灾减灾计划并向内阁提交审定结果以及统筹国家的相关部门对防灾减灾计划进行有效实施。

内政部的防灾减灾厅是泰国应对自然灾害的主要机构，其主要职责是起草国家防灾减灾计划等任务，同时还负责发布灾情警报、灾后重建等工作。近年来，随着应对灾害的不断实践，其职责不断扩大，新增了研究和开发灾害预警系统等职能①。

四、印、菲、泰的经验与启示

尽管我国与印、菲、泰都属于发展中国家，也都属于世界上频繁遭受自然灾害的国家，但我国灾害种类更多、地域分布更广、发生的频率更高。分析以上三国的自然灾害管理与防范体系，再对比之前美、日、法发达国家的自然灾害风险管理和防范体系，可以看出其与发达国家相比，自然灾害管理体系尚未成熟，仍有较大的提升空间。如菲律宾屡次遭受强台风等自然灾害的侵袭，每次都会给菲律宾人民带来严重的经济损失和生命威胁，但菲律宾政府仍未顺势加强其灾害防护体系，暴露出菲律宾政府的管理能力不足、应急机制不够完善以及体系计划缺乏针对性的缺点。菲律宾政府以及军警应对自然灾害的能力不足，救灾体制问题严重，导致民众对自然灾害的预警以及防范不足，也缺乏抗击自然灾害的信心。菲律宾政府经常将自然灾害的警示等级预报过低，导致防灾减灾工作人员以及民众未能采取及时准确的措施，从而出现较大的人员伤亡与财产损失。菲律宾政府还忽视相关基础防灾抗灾设施的提升与改造，预防自然灾害的工作明显不足；在菲律宾加快城镇化进程时，忽视了安全问题，导致出现大量人口密集区未配备相应的防灾减灾计划以及配套的防灾设施。菲律宾的自然

---

① 胡俊锋，亚洲自然灾害管理体制机制研究[M]．北京：科学出版社，2014.

灾害防范体系如此脆弱还有一点是因为中央政府和地方政府之间互不沟通、互不支持，在一些灾难发生后，一些省份不受中央政府重视，并未进行太多实质性的救援支持，因此导致很严重的二次受灾。

这些发展中国家的自然灾害风险管理的缺点必须引以为鉴，努力提高我国的自然灾害管理水平和建立建全完善的、具有中国特色的灾害防范体系。首先，我国重视防灾减灾法律建设，将防灾减灾救灾内容纳入政府的发展规划，强调全民防灾，人人救灾；其次，要加强灾害管理制度建设，建设完备的灾害防范体系，多部门协调合作，全面提高减灾效率；再次，加强社会投入，建立有效的灾害预警机制，政府应该不只注重经济建设，也需要注重安全建设、灾害风险防范建设；最后，需要加强灾情意识教育，提高人民的防灾减灾意识，如印度就很注重这方面，利用现代通信和信息技术构建起了灾害知识管理系统，促进社会各界有效地参与灾害应急管理。

第三节　灾害风险管理的国际行动与经验

一、联合国引领国际减灾三十年历程

20 世纪中期，世界上发生了多起重大自然灾害，造成了巨大的人员伤亡和财产损失，各种灾害接踵而至，给全世界的经济发展带来了严峻的挑战。如何应对突发的自然灾害，将灾害损失降至最低，这一问题开始被国际社会所关注。1987 年的联合国 42 届大会上通过了第 169 号决议，决定将 20 世纪 90 年代定为"国际减灾十年"，希望联合国际力量，加强国际行动，来共同推动减灾工作的研究与发展，减少自然灾害带来的人员伤亡和经济损失。"国际减灾十年计划"于 1990 年正式启动，联合国还设立了"国际减灾十年"秘书处，来协调各国的减灾活动进程，推动国际合作①。

---

① 阚凤敏. 联合国引领国际减灾三十年：从灾害管理到灾害风险管理(1990—2019 年)[J]. 中国减灾，2020(5)：54-59.

30 年里,联合国同各国一起,积极探索和谈论推动减灾工作的开展和进行,举行了三次世界减灾大会并取得巨大成效。每一次工作大会都会研究拟定相应的工作纲领,作为全世界减灾工作的指导文件,同时对之前进行的减灾工作进行汇报讨论,这为国际减灾工作奠定了坚实的基础,有力地推动了国际减灾工作的开展。1994 年第一届世界减灾大会提出《横滨战略及其行动计划》;2005 年第二届世界减灾大会提出《2005—2015 年兵库行动框架:加强国家和社区的抗灾能力》;2015 年第三届世界减灾大会提出《2015—2030 年仙台减少灾害风险框架》。三个重要的指导框架和纲领围绕防灾、备灾、救灾、减灾四个方面,科学减灾、灾害管理、减少灾害风险、加强灾害救援始终贯穿联合国引领国际减灾的 30 年历程。

二、第一届世界减灾大会与《横滨战略和行动计划》

1994 年,在联合国协调和引领下,第一届世界减灾大会在日本横滨顺利举行,有 130 多个国家和组织共 2000 余人参加了此次会议。大会评价了在 1989 年提出的"国际减灾十年"前五年的行动成果,交流、评价和分析了各国在减灾工作上的工作进展,并制定了一套具有重要意义的减灾文件和行动纲领——《横滨战略及行动计划》。《横滨战略及行动计划》指出,防灾、备灾、救灾和减灾是实现可持续发展的重要指南,同时还指出要将防灾、减灾、备灾作为减灾十年目标的首要任务①。

《横滨战略和行动计划》由原则、战略和行动计划三部分组成。《横滨战略及其行动计划》强调各国应从国家层面来制定政策、法律等,明确表达防灾减灾的决心和承诺。通过各个国家、地区的共同努力,贯彻执行国际减灾十年行动纲领,使其变成一项应尽的义务。要求各国加强合作,互相帮助,为防灾减灾行动的开展营造一个良好的国际环境。

《横滨战略和行动计划》指出,要将防灾、备灾作为各国家、各地区制

---

① 横滨战略和行动计划——建设一个更为安全的世界[J]. 自然灾害学报,1994(3):104-111.

定发展战略规划和政策的主要内容。在风险评估的基础上，将防灾备灾作为设计经济发展指标，纳入国家和地区的社会经济发展规划。防灾、减灾是国际减灾十年工作的基石，要发展和加强国家防灾政策的制定和实施，通过采取措施减少或减轻灾害风险和损失。

《横滨战略及行动计划》强调加强国际合作，通过国家、区域间的合作，加强信息交流，携手抗灾、减灾。20世纪末期，全球化进程加快，国际之间的交流和合作越来越密切，各个国家都应该加强伙伴关系，作为利益共同体，共同建设一个强大的、更安全的世界。《横滨战略及行动计划》特别强调灾害是无国界的，要加强多边合作来减轻自然灾害的损失和促进经济社会的发展。

《横滨战略及行动计划》鼓励各国政府动员非政府组织和社区参与减灾计划工作，促进社会团体共同积极参与灾害管理，提高公众对灾害风险的认知和减灾意识。国家各地区、各部门要联合并逐级实施进行灾害评估和减灾行动，推动部门机构的技术建设和能力提升，加强技术共享和资源共享等。

《横滨战略和行动计划》认为，各个国家都有义务和责任保护其公民免受自然灾害的袭击和困扰，要切实解决公民面对的问题和挑战。同时要重视国际上一些欠发达国家和发展中国家，为其提供力所能及的帮助和支持。

《横滨战略及行动计划》在实施进展评估的过程中，120多个国家和地区提供了大量的参考资料文件以及国家的防灾减灾策略执行情况等，期间学术界发表了许多关于防灾减灾的论文。因此，负责计划行动协调和实施的联合国国际减灾战略秘书处综合上述资料得出结论，认为《横滨战略及行动计划》的实施有力地推动了国际减灾工作的发展。

三、第二届世界减灾大会与《兵库行动纲领》

第二届世界减灾大会于2005年在日本神户举行，有168个国家和组织共4000余人参与了会议。大会回顾了前十年的防灾减灾计划的实施情况以及其中存在的问题和挑战，并在此基础上提出了《2005—2015 年兵库行动框架：加强国家和社区的抗灾能力》。各国政府都表达了其对防灾减灾的决心和承诺。本次会议突出强调了国家和社区在抗灾减灾中的重要作用，要加强社会和个人的防灾减灾意识，培养防灾抗灾的氛围①。

《兵库行动纲领》提出了三项战略目标和五项行动重点。战略目标包括要将灾害风险因素的识别和评估作为各级防灾减灾政策、方案的一环，强调加强防灾、减灾和备灾工作的重要性；要加强社区发展和与政府的合作交流，建设强大的社区体系，提高社区对于灾害的抵抗能力和恢复力；要将防灾减灾工作下沉到社区，将灾害风险管理任务细分到社区的日常工作中，提高社区的应急准备、应对和恢复能力。行动重点包括要将减少灾害风险作为国家和地区的优先考虑事项并加快政策的落实与实施，筑建良好的社会和体制基础；预防、确定、评估和监测灾害风险并加强预警设施的建设；加强在社会中对于公众的防灾减灾意识的培养；采取措施减少可能的灾害风险；加强防灾备灾准备。

《兵库行动纲领》为建设"以社区为基础的灾害风险管理"提供了政策支持和保障，推动了该风险管理模式的推广和执行。"以社区为基础的灾害风险管理"是当前国外灾害风险管理中较为普遍、推广度较高的理念。该模式力求所有人参与，将社区作为防灾减灾的重点场所，强调群众参与并努力提高公众意识。由社区成员来确定防灾减灾措施的实施，统筹考虑灾害风险管理和社区发展相结合，倡导社区外的成员或组织参与社区灾害风险管理策略的制定等。

为了确保第二个"国际减灾十年"计划能够顺利推进并取得成效，联合国国际减灾战略秘书处每年都会交替召开全球减灾平台会议和区域减灾平台会议来加强国际交流和信息共享。《全球评估报告》成为了解风险信息、趋势和减少灾害风险的参考指南。建立灾害预防网络来加强减灾信息共

---

① 史培军，郭卫平，李保俊，郑璟，叶涛，王瑛，刘婧. 减灾与可持续发展模式——从第二次世界减灾大会看中国减灾战略的调整[J]. 自然灾害学报，2005(3)：1-7.

享，为国际合作提供便利和支持。自 2005 年《兵库行动纲领》通过以来，各国在防灾减灾方面取得了十足的进展和成效，着重体现在部分灾害的死亡率有所下降，公众和机构的减灾意识明显提高。

四、《2015—2030 年仙台减少灾害风险框架》

2015 年，第三届世界减灾大会在日本仙台召开，有来自 187 个国家和组织共 6500 余人参加了会议。大会评估了《兵库行动纲领》的执行情况以及在执行过程中暴露出来的问题和不足。经过激烈的讨论和交流最终通过了《2015—2030 年仙台减少灾害风险框架》（以下简称《仙台框架》）。《仙台框架》作为 2015—2030 年的减灾行动纲领和框架，提出了 7 项具体目标、13 项原则和 4 个优先行动事项，并对未来 15 年的减灾工作成果和目标提出预期①。

《仙台框架》明确了未来 15 年内要取得的成果："大幅减少在生命、生计和卫生方面，以及在人员、企业、社区和国家的经济、实物、社会、文化和环境资产方面的灾害风险与损失"，并对预期成果的实现设立了进一步的目标和措施手段。

《仙台框架》提出了 7 项减轻灾害风险的具体目标，包括大幅降低灾害死亡人口、死亡率；大幅减少受灾人数；降低灾害造成的直接经济损失与 GDP 的比例；提高基础设施保障，减少其遭受灾害时的损坏；增加制定减轻灾害风险战略的国家和地区；加强与发展中国家的国际合作，对发展中国家提供支持；大幅增加和普及多灾种预警系统。

《仙台框架》的预期成果着重考虑公民的生命安全和卫生健康，其次考虑经济社会的发展。其提出的七项具体目标也是如此，首先考虑降低受灾的公民死亡率，其次是受灾人数，最后是经济损失。其充分体现了以人为本的核心思想以及进一步体现了保护国民安全和利益的国家责任和义务。

---

① 范一大. 我国灾害风险管理的未来挑战——解读《2015—2030 年仙台减轻灾害风险框架》[J]. 中国减灾，2015(7)：18-21.

《仙台框架》还确定了四个优先行动事项。第一，要理解灾害风险。灾害风险管理一直是灾害研究的热门领域，要理解灾害风险就要从灾害的各个角度对灾害进行认知，包括致灾因子、承灾体和孕灾环境等。充分理解和认知灾害风险是有效地防范化解自然灾害对人类社会影响的重要前提条件，也是基本理论支撑。第二，要加强灾害风险防范。加强灾害风险防范即加强防灾、备灾的能力，这是前两届会议一直强调的重点，防灾和备灾远比事后的减灾要重要。第三，加强备灾，提升响应能力。备灾能力是国家和社会应对灾害时的反应能力的体现，同时也是灾后重建能力即灾后恢复力的体现。第四，投资减轻灾害风险，提升防灾减灾救灾综合能力。积极倡导国家和社会组织对防灾减灾应对与研究的资金投入，提高防灾减灾和救灾能力。

目前，尽管各国在自然灾害风险管理和应急救援方面的研究存在差异，但越来越多的国家开始重视自然灾害风险管理，并把灾害风险管理上升到政府的社会经济工作计划。然而，在《仙台框架》的执行上，仍会存在传统观念中对于灾害管理、风险管理和管理体系方面的障碍，这仍是需要解决的问题。

五、经验和启发

防灾、减灾、救灾需要多方共同参与，灾害风险管理是一门跨学科、跨领域的综合性学科。联合国引领的国际减灾计划对我国的应急管理体系研究与制定都有很大的参考价值与意义。《仙台框架》《兵库行动纲领》和《横滨战略和行动计划》等联合国减灾战略计划为我国的相关机制和体制改革提供了理论基础和指导方向。立足可持续发展战略和科学发展观，追求长期利益的同时，促进和完善防灾减灾救灾的政策和法律，总结国际经验学习国际行动中的优点，而对国际行动上存在的不足和问题引以为鉴，制定国家综合发展战略规划，合理制定各阶段的任务和目标。

在灾害风险管理领域，要有效地动员社会成员，充分发挥我国的人口优势和各方社会力量集中优势，将发展计划与减轻灾害风险计划相结合，来减少灾害损失，促进社会经济平稳发展。充分利用现有的社会、经济、政治、技术、文化、体制优势，通过大数据、云计算等现代工具对灾害风险管理进行研究，积累数据和经验。

第七章 湖北省自然灾害风险防范
与化解机制构建

第一节 基本原则和指导思想

一、基本原则

我国自古以来就有"天人合一"的哲学思想，诸子百家对"天"有不同阐述，但都指向天道、自然的大方向，"天人合一"主张天地相合相应，是防灾减灾救灾的重要内涵。习近平总书记强调"同自然灾害抗争是人类生存发展的永恒课题"，坚持以人为本，切实保护人民群众生命财产安全；坚持生态优先，正确处理好人与自然的关系；要坚持绿色发展、正确处理防灾减灾救灾与社会经济发展的关系；防灾减灾救灾关乎国家安定，社会稳定，要正确认识防灾减灾救灾的地位和作用。①

(一)坚持以人为本，保护人民群众生命财产安全

我国自然灾害灾害种类多、分布广、频率高、损失严重，是世界上自然灾害最严重的国家之一，这是我国的基本国情。历史上，我国自然灾害

---

① 张英. 试论新时代防灾减灾指导思想的背景、内涵及意义[J]. 中国减灾，2019(11)：42-47.

多发、频发，中华人民共和国成立以来长江黄河等主要江河沿岸洪灾、唐山大地震、汶川地震、舟曲泥石流、部分城市内涝、台风侵袭等，对人民群众生命和财产安全造成了重大损失。灾害风险防范要坚持"以人为本、生命至上"的理念，扎实做好防灾减灾救灾工作，减轻灾害风险，减少灾害造成的损失，保障人民群众生命财产安全。

总的来看，我国自然灾害进入了一个更加多发、频发的时期，灾害问题已经严重影响国民经济发展和人民群众幸福生活，灾害发生的频率和波及的范围不断加深和扩大，主要体现在以下几个方面。

自然灾害危害持续扩大。我国 70% 以上的城市、50% 以上的人口受到气象灾害、地震、地质灾害、台风灾害的影响；超过 69% 的国土面积的山地遭受滑坡、泥石流、崩塌、地面沉降等地质灾害的影响；2/3 以上的国土面积遭受洪涝灾害的威胁；东北、西北、华北、长江中下游平原部分地区干旱频发；地震多发，活断层活动持续，全国各省都发生过 5 级以上的破坏性地震。分析灾害范围和强度持续扩大原因，首先是由我国自然环境和社会环境复杂性、孕灾环境的区域差异性决定的，导致自然灾害类型也呈典型的区域分布特点，基本与大气圈、岩石圈、生物圈、水圈的影响密切关联；其次，快速发展的城镇化和工业化进程导致人口密度增加、防灾减灾规划不科学、设施陈旧、人民群众防灾意识不足等，加上自然孕灾环境的叠加效应，导致灾害恶化的趋势越来越严重；再次，除了导致直接的人员伤亡和财产损失，也突破了传统的、直接的物质损失的衡量范围，如社会功能暂时瘫痪、信息沟通不畅、工商业中断等频率也越来越高，自然灾害造成的间接伤害，对国家社会各个方面的影响也愈加深远，损失难以估量。

自然灾害的周期越来越短，社会脆弱性差异也越来越明显。我国经济发展经历了粗放式向集约式转变、资源依赖向绿色发展的阶段。长期以来，依靠矿产资源开发、资源投入扩大增长、毁林开荒、围湖造田以及无约束地排放等，都对人类赖以生存的环境造成了巨大损失。伴随着全球气候变暖，我国自然灾害发生的频率也越来越高、间隔时间越来越短。如干旱灾害，以前是三年一旱，到 20 世纪 60 年代以后发展成为三年两旱，直到现在的一年多干旱，伏秋连旱等；如洪涝灾害，很多中大型城市每年都会受到洪灾、内涝等不同程度的影响，从历史上年均 1~2 次到现在的年均 50 多次，每年的洪涝灾害面积也达数十万平方千米。就经济损失而言，1998—2017 年的 21 年间，我国自然灾害造成的直接损失达 67930.21 亿元（其中湖北 3255.76 亿元），2008 年之后，每年自然灾害造成的直接经济损失相对于 2008 年前各年度值呈现明显偏高的趋势。截至 2020 年末，我国常住人口城镇化率超过 60%。城市的快速发展在集聚人口、财富的同时也蕴藏着风险，在面对灾害时也表现出了一定的脆弱性，容易形成小灾大损、小灾大难的局面，传统灾害链也发生了一些新的变化，灾害传导波及社会生活、工矿企业等领域，引起连锁反应并导致生产事故。

因此，防灾减灾救灾必须以人为本，基于我国自然灾害严重这一基本事实，要不断完善防灾减灾救灾体制和运行机制、不断加强防灾减灾救灾能力建设，充分认识到自然灾害风险对国家安全、社会安全的重要性，充分认识防灾减灾救灾的长期性、艰巨性，充分了解自然灾害的国情、省情、市情、县情等。在制定各项政策和开展各项工作时，将国家整体规划与防灾减灾救灾规划相联系。以人为本还要求各级领导和人民群众提高灾害风险意识，自觉行动，切实保障人民群众生命财产安全，维护社会和谐稳定①。

（二）坚持生态优先，正确处理好人与自然的关系

"同自然灾害抗争是人类生存发展的永恒课题"，要处理好人与自然的关系，就必须坚持生态优先、绿色发展的战略。生态文明建设是国家发展战略，"共抓大保护、不搞大开发""绿水青山就是金山银山"等一系列论断都是站在生态文明高度所做的深刻阐述。人与自然相互依存、和谐共处是必然选择。习近平总书记关于人和自然环境的关系有过很多经典的论述，

① 孙煌．古代以人为本思想的时代价值[J]．人民论坛，2021(9)：98-100.

"你善待环境，环境是友好的；你污染环境，环境总有一天会翻脸，会毫不留情地报复你，这是自然界的规律，不以人的意志为转移"。我国改革开放40多年来，经济迅速发展的同时环境污染、资源消耗也在加剧。我国政府一直注重施行可持续发展战略，但仍然存在着一味追求经济发展从而造成灾害的教训。如毁林开荒导致森林破坏、水土流失；过度放牧导致草地消失；对矿产资源的无限制开发导致资源枯竭；无序的渔猎导致渔业资源逐渐匮乏；长江流域水源涵养功能降低、少数支流季节性断流、部分水体严重污染；北方局部地区地下水抽采超标导致地面沉降等。我国的防灾减灾史告诉我们，灾害的发生和人类生产生活方式关系密切，如洪水、城市内涝、干旱、地质灾害都与人类活动直接相关，我们必须本着生态优先的原则，正确处理人与自然的关系，才能将自然灾害持续恶化的趋势从根本上扭转。

(三)坚持绿色发展，正确处理防灾减灾救灾与社会经济发展的关系

要达到减少灾害损失、减轻灾害风险的目标，就必须正确处理经济发展与环境保护、防灾减灾救灾的关系。对于资源，掠夺式的开发甚至是浪费，导致资源枯竭而不能继续发展的例子众多。在国家公布的69个资源枯竭性城市中，煤炭城市37座、冶金城市6座、有色金属城市14座、石油城市3座等，涉及总人口1.54亿人，这种粗放式的增长方式不仅造成环境的破坏，也伴随着各种灾害的发生。绿色发展理念要求发展生产、技术进步，必须同时消灭环境污染、保护环境、减轻灾害风险，实现可持续发展。

要达到减少灾害损失、减轻灾害风险的目标，就必须正确认识防灾减灾救灾与社会经济发展的辩证关系。社会经济的发展有利于国家综合实力的提升，也有利于在防灾减灾救灾过程中的投入、效率和综合能力，这是一种同向发展且具有内在一致性的特征。但具体而言，部分地区政府或企业一味追求经济效益，忽视环境保护、防灾减灾，实现经济增长是以环境

破坏为代价，不利于经济社会稳定、健康、持续发展。总体看，经济的高速发展和城镇化、工业化进程的加快所呈现的新特征、新形势对防灾减灾救灾提出了新的要求，任务也更加艰巨。自然灾害对人类社会的影响不容忽视，不仅造成严重经济损失，一定程度上甚至造成整体社会的倒退。因此必须系统地进行增长方式变革，在寻求经济健康发展的基础上与防灾减灾救灾相结合，摒弃传统的粗放式的增长方式，摈弃单纯追求 GDP 增长和积累财富的做法，将防灾减灾救灾的关口前移，高度重视各种潜在的自然灾害风险，实现自然环境和人类活动的和谐共处。将自然灾害风险防范与国家重大工程项目建设、科技企业扶持、重点公共基础设施建设、生态修复、地震易发区房屋加固、防洪抗旱水利设施建设、地质灾害综合治理、自然灾害普查与应急救援应急装备建设等项目对接，与长江经济带建设、"一带一路"建设等对接，实现我国防灾减灾救灾与社会经济的协调发展。

（四）自然灾害风险防范与化解关乎国家安定，社会稳定，要正确认识防灾减灾救灾的地位和作用

自然灾害风险防范与化解是对国家管理能力和执政党执政能力的综合考验，是综合国力的体现，是应该具备的大国担当和责任。从经济角度来看，大量的灾后救助、恢复重建的投入严重影响着国民经济的正常运行，也是对国家各项制度的冲击；从社会角度来，自然灾害会导致家庭悲剧、局部人口结构调整和社会秩序破坏，以及丧失亲人和财产后长期的心理压力，对于整体社会情绪的稳定产生不良影响。由此可见，自然灾害不仅给城乡居民带来深刻影响，而且关乎整个国家的政治、经济、社会乃至思想文化、伦理道德的各个方面，是国家战略的重要组成部分。政府在防灾减灾救灾工作中负有主体责任，在充分认知我国自然灾害国情的基础上，要运用"底线思维"，摸清各类自然灾害风险分布和特性，针对不同灾害制定有针对性的防灾减灾规划；将国家重大项目与防灾减灾救灾对接，实现对自然灾害的"本质安全"管控；充分发挥国家意志，正确处理经济发展与防灾减灾救灾之间的矛盾关系，实现生态优先、绿色发展；加强对防灾减

救灾的科技投入和技术研发、装备与应急物资的高效率管理；充分发挥灾害风险防范、应急救援、灾后重建及受灾群众生活补助等环节的主导作用；加强防灾减灾救灾的国际合作，保障"一带一路"等国际合作顺利开展；充分动员人民群众主动参与到防灾减灾工作中来，团结一心、众志成城，筑就防灾减灾救灾的坚固"长城"，充分体现中华民族的凝聚力。正如习近平总书记在河北唐山考察时强调：防灾减灾救灾事关人民生命财产安全，事关社会和谐稳定，是衡量执政党领导力、检验政府执行力、评判国家动员力、体现民族凝聚力的一个重要方面。这应该是防灾减灾救灾工作的重要战略和基本原则。

二、指导思想

党的十八大以来，习近平总书记先后在多个场合就防灾减灾救灾工作发表了重要讲话，如"提高全民防灾抗灾意识，全面提高国家综合防灾减灾救灾能力""树立安全发展理念，弘扬生命至上、安全第一的思想""人类对自然规律的认知没有止境，防灾减灾、抗灾救灾是人类生存发展的永恒课题""建立高效科学的自然灾害防治体系，提高全社会自然灾害防治能力""构建新时代国家应急救援体系""抗御自然灾害要达到现代化水平"等。这一系列重要讲话精神对我国防灾减灾救灾工作提出了新定位、新理念、新要求，在充分理解、领会的基础上总结出我国自然灾害风险防范与化解机制的指导思想①。

1. 从国家安全观的高度认识灾害风险防范与化解

安全是人类生存的基本需求，是人类价值体现、国家意志实现的前提。沧海桑田，谓世事之多变，从 1998 年抗洪到 2008 年雪灾、从 2008 年汶川地震到 2012 年"7·21"特大暴雨、从 2016 年武汉内涝到 2021 年河南洪水……一桩桩自然灾害，一次次山河破碎，生命逝去、家园被毁、社会

---

① 李雪峰，防范化解社会领域重大风险［M］. 北京：国家行政管理出版社，2020.

秩序失常，灾害后果刻骨铭心。

防范化解自然灾害风险必须坚持国家安全观，坚持底线思维，提高防控能力，保持经济社会正常运行；防范化解自然灾害风险必须牢固树立安全发展理念，弘扬生命至上、安全第一的思想；防范化解自然灾害风险必须以人民安全为宗旨，把人民生命安全摆在首位。国家安全观以人民安全为宗旨，以政治安全为根本，以经济安全为基础，以军事、文化、社会安全为保障，以促进国际安全为依托。各级领导干部必须系统全面地掌握国家安全观的内涵和外延，从全局出发，坚持底线思维，综合施治。

国家安全观既重视传统安全，又重视非传统安全。防灾减灾属于传统安全领域，与非传统安全关系日益密切(如全球气候变化)，关乎国民安全、社会安全、生态安全、资源安全等。在历史上，因灾害处理不当而造成国力受损、国势衰微、国运转危的例子很多。应当说，自然灾害处理不好，会危及国家安全的方方面面，因此防灾减灾救灾工作是国家安全工作内在的、基础性的有机组成部分，做好防灾减灾救灾工作必须坚持总体国家安全观。

2. 坚持人与自然和谐共生的理念

习近平总书记指出，同自然灾害抗争是人类生存发展的永恒课题。要更加自觉地处理好人和自然的关系，必须树立和践行"绿水青山就是金山银山"的理念，统筹山水林田湖草沙系统治理，形成绿色发展方式和生活方式，坚定走生产发展、生活富裕、生态良好的文明发展道路，建设美丽中国，为人民创造良好生产生活环境，为全球生态安全作出贡献。

防灾减灾救灾与生态环境保护、国土整治等工作密不可分，防灾减灾救灾工作做得好，就可以为人与自然和谐共生提供有力的支撑和保障。

3. 做好防灾减灾救灾工作是重大政治责任

我国是世界上自然灾害最为严重的国家之一，灾害种类多，分布地域广，发生频率高，造成损失重，这是一个基本国情。习近平总书记强调："防灾减灾救灾事关人民生命财产安全，事关社会和谐稳定，是衡量执政党领导力、检验政府执行力、评判国家动员力、体现民族凝聚力的一个重要方面。"可以说，做好防灾减灾救灾工作具有重要的政治意义，各级党委政府和领导干部在防灾减灾救灾工作方面负有重要的政治责任。

4. 树立居安思危和常备不懈的意识

在公共安全方面，习近平总书记强调底线思维和忧患意识。他指出，要善于运用底线思维的方法，凡事从坏处准备，努力争取最好的结果，有备无患、遇事不慌，牢牢把握主动权。要安而不忘危、治而不忘乱，增强忧患意识和责任意识，始终保持高度警觉，任何时候都不能麻痹大意。

对于自然灾害，习近平总书记特别强调，我国是自然灾害频发的国家，必须常备不懈，特别是要提高防大灾、救大险的能力，做好抗击像唐山大地震、汶川大地震、1998 年长江洪水那样的重大自然灾害的准备。

5. 全面系统推进防灾减灾救灾工作

第一，提升防灾减灾救灾能力。党的十九大报告指出："树立安全发展理念，弘扬生命至上、安全第一的思想，健全公共安全体系，完善安全生产责任制，坚决遏制重特大安全事故，提升防灾减灾救灾能力。"可以说，提升国家防灾减灾救灾能力是公共安全工作的根本着眼点和工作目标所在。

第二，统筹防灾减灾救灾各项工作。习近平总书记在唐山视察时指出："要总结经验，进一步增强忧患意识、责任意识，坚持以防为主、防抗救相结合，坚持常态减灾和非常态救灾相统一，努力实现从注重灾后救助向注重灾前预防转变，从应对单一灾种向综合减灾转变，从减少灾害损失向减轻灾害风险转变，全面提升全社会抵御自然灾害的综合防范能力。"这一深刻的论述是我国今后相当长一个时期内必须坚持的防灾减灾救灾工作的战略指导思想。

第三，统筹国内国际防灾减灾救灾工作。在论述国际安全时，习近平总书记在党的十九大报告中指出："必须统筹国内国际两个大局，始终不渝走和平发展道路、奉行互利共赢的开放战略，坚持正确义利观，树立共同、综合、合作、可持续的新安全观，谋求开放创新、包容互惠的发展前景，促进和而不同、兼收并蓄的文明交流，构筑尊崇自然、绿色发展的生态体系，始终做世界和平的建设者、全球发展的贡献者、国际秩序的维护者。"根据这一思想，防灾减灾救灾工作也必须统筹好国内国际两个方面①。

第二节　自然灾害风险防范与化解的实现路径

传统自然灾害风险管理都是从应急管理的视角，从应急准备到应急响应再到灾后恢复重建的过程。本书在新时代防灾减灾救灾"坚持底线思维防范化解重大风险"的思想指导下，将风险管理纳入应急管理，能很好地实现"坚持以防为主，防抗救相结合；坚持常态减灾和非常态救灾相统一"的要求。在灾前、灾后、灾中分别融入灾害风险管理与应急管理的思想，进一步可分为"风险防范—应急准备—风险控制与应急响应—风险调整与恢复重建"等部分，前部分主要体现注重灾前预防、减轻灾害风险和综合减灾，后部分主要体现应急救援和灾后重建(图7.1)。

灾害的发生往往出现灾害群、灾害链等特征规律，需要融入多个学科的研究方法、技术和理论进行防灾减灾救灾指导，就像灾害应急救援和响应一样，需要统筹多元协同。从风险管理的角度，需要经过风险识别、风险评估、风险控制和风险调整等阶段，力求以最低的成本投入获得最大的安全保障，从被动地应急救援、风险应对转变为基于灾害风险管理的综合应对，将关口前移，"真正把问题解决在萌芽之时、成灾之前"。

自然灾害发生之前，是风险防范和应急准备的过程。风险防范主要包括自然灾害风险普查、隐患调查、风险评估、成灾机理和灾害链理论研究、防灾减灾救灾关键技术与设备研发、专项工程防护措施、风险监测等自然灾害风险防范的科技支撑和保障。应急准备的过程充分体现应急管理"一案三制"的核心体系，做好防灾减灾规划，完善预案预警机制、应急保

---

① 庞陈敏. 以党的十九大精神为指导持续推进防灾减灾救灾体制机制改革意见和规划落实[J]. 中国减灾，2018(1)：14-19.

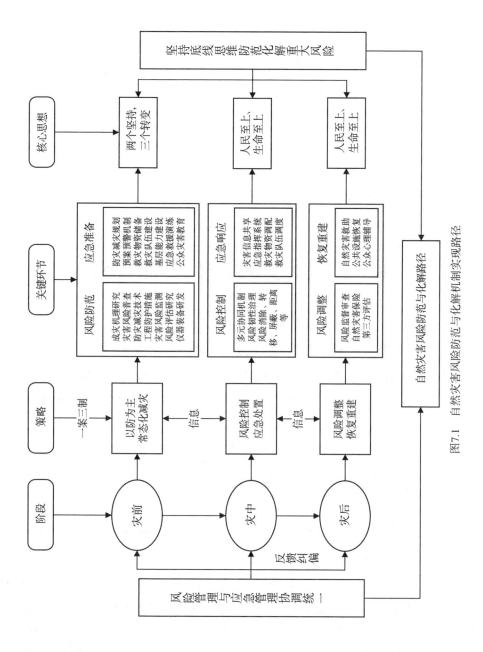

图7.1 自然灾害风险防范与化解机制实现路径

障过程中救援队伍建设、物资储备与调度机制、防灾减灾救灾的资金投入，加强公众灾害教育和应急救援演练，充分体现以防为主的方针①。

自然灾害发生过程中，主要以风险控制和应急响应为主，发挥多元协同机制和灾害风险控制方法的作用，实现灾情信息的实时共享、通过应急指挥系统合理调配救灾队伍和物资，"始终把保障人民群众生命财产安全放在第一位"，贯彻执行"人民至上、生命至上"的指导思想。

自然灾害发生之后，主要进行风险调整和恢复重建，开展灾后救助、损失评估、恢复重建、监督审查以及公众灾后心理辅导等。这一阶段需妥善处理各方矛盾冲突，实现科学合理的善后机制，恢复社会生产秩序，通过监督审查和第三方评估，总结经验教训，提高应对灾害的综合能力。

第三节　健全自然灾害风险防范化解体制机制

所谓体制，在《辞海》中的解释为：一定的规则、制度；在《现代汉语词典》中的解释为：体制是指国家、国家机关、企业、事业单位等的组织制度。而我国的自然灾害防灾减灾救灾体制主要是指相关的组织制度、规范和管理机构的统一体。2018 年，在中央的统一部署下，湖北省政府颁布了《中共湖北省委 湖北省人民政府关于加快推进防灾减灾救灾体制机制改革的实施意见》(以下简称《实施意见》)，对防灾减灾救灾体制改革做了全面部署，要求健全统筹协调体制和属地管理体制为主的全面灾害风险防范化解体制。

厘清部门职责分工，健全统筹协调体制。加强自然灾害防灾减灾救灾必须厘清部门职能，明确各部门职能分工和协调方式，保证有效的沟通，避免盲区、避免交叉，形成高效的灾害应对机制。如湖北省防汛抗旱、森林防火、抗震救灾指挥部等议事机构与省应急管理厅、省自然资源厅、省

---

① 张磊，周洪建. 防灾减灾救灾体制机制改革的政策分析[J]. 风险灾害危机研究，2019(1)：36-51.

农业农村厅、省气象局等机构的职能协调。加强减灾委员会在灾情信息管理、信息通报、联动响应、灾后恢复重建与救助、公众灾害教育等方面的职能作用，实现组织指挥的扁平化、监测预警的系统化、应急救援的一体化。构建多方参与的协同机制，重点围绕长江经济带、三峡库区、大别山区、幕阜山区、武陵山区等自然灾害高风险区开展队伍救援、物资保障、科技支撑、预警监测以及处置等方面的区域协同联动机制建设。

强化各级政府主体责任，健全属地管理体制。《实施意见》强调，要坚持属地管理、分级负责。充分落实各市州县区党委政府在防灾减灾救灾过程中的主体责任。湖北省委和省政府对全省各类灾害发挥统筹协调和指导作用，充分依据应急预案要求，及时启动响应。地方党委政府负责防灾减灾救灾的具体指挥，充分发挥其主动性，完善各项制度和运行机制，动员群众广泛参与，积极推动灾后恢复重建，建立多方参与的救灾协同机制，明确灾情信息管理、救援力量调度等程序和制度，建立完善的军地协同救灾制度，提高应急救援水平。

湖北省现行"统一领导、综合协调、分类管理、分级负责、属地管理"为主的应急管理体制，各市州县区政府也制定了与此相适应的管理机制。但就湖北省目前的自然灾害防灾减灾救灾现状而言，还需加强在协同机制、应急保障能力、预警监测水平、科技支撑能力、管理规范等方面的建设。

一、构建多方参与的协同机制

自然灾害下突发事件的复杂性、系统性对综合协调应急管理提出了要求和挑战，单一政府机构或部门所掌握的信息及权力资源有限，不能凭借一己之力妥善应对，因而协作是提高应急管理效率的关键途径。自然灾害具有突发性、严重破坏性、影响广泛性等特征，一旦发生便会触及多方利益，造成严重损失，根据利益相关者理论，政府及其职能部门、企事业单位、社会组织、公众等参与主体虽性质不同、职能各异，但在灾害应急系统里都是不可或缺的利益主体，承担着不同的应急救灾义务，各主体只有通过优势互补的协商救灾才能实现整体应急效能的最大化。但分析结果显示，除政府外的其他主体参与自主性明显不足，主要原因在于缺乏专门的意愿表达机制或参与机制，导致其只能被动地接受政府的信息和指令。所以应构建社会力量参与防灾减灾救灾的机制，完善政府与社会力量协同救灾联动机制，依托武汉科教优势、人才优势、区位优势，引导在汉高新技术企业、高校、科研院所开展自然灾害防治关键技术装备联合攻关，深入研究自然灾害致灾机理、抢险救援战术战法，开展常态化、规范化、实战化训练演练，推进救援理念、职能、能力、装备、方式、机制转型升级。

（一）自然灾害状态下组织协作的必要性

1. 化解危机环境下组织与公众间的张力

自然灾害发生时，外界环境变化所带来的不确定性打破了组织原本的供需平衡，这种额外压力使其必须做出适应性调整，基于风险强度对内重新分配资源、对外积极寻求合作。危机状态下的额外需求超出了组织的正常生产力，其自身在资源、信息等方面的有限性与危机下增长的需求间产生明显的张力。Louise K. Comfort 等认为，外界环境的变化会引起需求的急剧增加，需求的增长与组织内部资源、自身的期望等会产生张力，这种张力也表现在组织与社会公众之间，迫使其调整组织策略并采取快速行动。

外部危机环境是导致"张力"存在的关键因素。危机的到来使社会系统产生不平衡，灾区民众生理心理双重受压，生命健康遭受威胁，因而在短时间内对救灾资源产生了迫切需求，并将此需求寄托于形形色色的国家或社会组织。随着新媒体的发展和公民参与感的提升，民众以网络媒体为依托，成为抗灾救援的社会监督者，形成一股覆盖全社会的舆论压力，使得组织必须重视民众的呼声。因此，组织只有提高自主参与积极性和能力，才能有效化解存在于其内外的张力，进而为组织平稳健康发展赢得持续的动力。

2. 化解危机环境下单一组织的信息局限性

当外部环境变化带来的风险已然客观存在并有加剧趋势时，组织只有做出适应性改变才能保障自身发展。这种适应性改变以信息沟通为前提，缺乏沟通不仅无法有效识别风险，反而会助长组织的防御行为，加剧扭曲沟通的情况，阻碍组织内外的信息交流和资源调配。单一组织在空间和专业性方面的局限性也会降低其风险识别和应对能力。首先，突发事件往往具有跨时空特征，影响范围广大。我国范围内无论是社会组织还是公共组织，都以行政区划为界限开展活动并接受管理，且我国行政层级划分较为明显，信息自下而上回收，决策命令自上而下执行。由此产生的空间错位（或空间局限性）都需要组织扩展开放性，加强纵向交流与横向合作，及时获取有关风险的信息以便采取行动。其次，专业局限性是指每个组织都并非全能，而是专司其职，有其擅长的领域划分，如气象组织、地震观测组织、医疗机构、粮仓储备组织、红十字会、各类生产企业等，必须加强同其他专业性组织的合作，才能综合考虑灾害的复杂因子、承载地区的系统性特征，进而保证应急决策环节的科学与合理。

3. 实现危机环境下资源的集中与共享

危机状态下资源的集中与共享不仅是全力救灾的必然要求，更是提高非常态环境下社会运转效率的关键。用于危机应对的常见资源包括粮食、蔬菜等日常生活物资，医疗资源、志愿者、武警军队等救援力量，帐篷、器械等救援设施，分别出自不同性质和类别的组织。第一，突发事件经常对灾区正常的交通网络造成打击，严重阻碍外部的救援物资及时进入灾区。此时若组织间不进行事前协调，大量救援物资的涌入反而造成交通生命线的混乱和阻塞，影响救灾效率。第二，资源的集中与共享能够降低组织的救灾成本，节省组织的资源管理成本和运输成本，降低资源损耗以实现救援物资的高效率供给，从经济学的角度来说，降低资源的分化程度和流转次数会降低成本。

(二) 多元主体参与的自然灾害治理模式

从各国的普遍实践中可以看出，政府在应对自然灾害过程中应该起主导作用。政府在调配人财物等资源、提高灾害应急效率、稳定社会秩序方面具有得天独厚的优势，能够聚集一切优势力量和动员全社会的积极因素。然而，政府并不是万能的，其他社会力量在辅助政府治理灾害、弥补政府功能缺位、降低政府救灾成本方面的作用不可或缺。因此，在政府主导的灾害治理体制下，应该注重以下主体在自然灾害治理方面的作用。

1. 企业

企业是国家重要的经济组织，具有雄厚的经济实力和自建的社会诚信。企业在治理自然灾害的过程中，可以贡献人财物等为政府治灾提供后备力量，又可增强自然灾害治理的灵活性。其作用主要体现在：派遣企业应急救援队伍参与灾害治理；根据救灾需要开展生产和服务，为灾害治理提供必要的物资和便利；发展应急产业等新兴产业；利用企业的行业优势服务灾区，如武汉钢铁公司可进行一般条件下的建筑火灾、可燃气体泄漏、化学危险品事故等抢险救援作战和安全生产事故应急救援，中国建筑第三工程局有限公司可进行隧道施工突发事件应急救援、城市应急救援，中铁大桥局集团有限公司可进行桥梁垮塌、道路塌方、土石方清障、防洪防汛等应急救援。

政府和企业要采取有效手段激发企业的协作动力。企业在应急响应中作用的有效发挥受自身社会责任意识和能力、政府的约束和激励等方面因素影响。企业若有明确的定位和社会责任认知，便会转化为积极协助突发事件应急响应的内生动力；同时，政府若鼓励、引导企业在突发事件应急响应中发挥重要作用，以社会舆论和经济收益为诱因，便会外化为刺激企业积极参与的约束力。具体来讲，一方面，企业要加强风险认知，形成与社会环境和谐统一的灾害防御意识，提高社会责任感，明晰作为社会主体的责任和义务，将其在物力、技术等方面的优势条件运用在紧张的灾害应急之中；另一方面，政府可通过舆论手段，呼吁企业捐款捐物，并辅以事后表扬或实际的政策支持予以肯定和激励，刺激企业的自主行动力。通过内外两方面的刺激和压力，鼓励、引导企业肩负起社会责任，作为关键的应急主体发挥效能。

2019 年 11 月 15 日上午，湖北省应急管理厅党组书记、厅长施政代表省厅与部分中央在鄂企业以及省属重点企业签订了应急救援力量合作框架协议。其中包括中国安能集团第三工程局有限公司、武汉钢铁有限公司、中建三局、中铁大桥局集团有限公司、华润燃气集团华中大区、中铁十一局集团有限公司等八家公司。根据协议，在省应急管理厅的统筹协调和统一指挥下，双方将按照"统一指挥、高效联动、企业自建、政府支持、资源共享、专业应急"的原则，建立统一指挥调度、信息报送和应急通信联通、应急资源共享等机制，高效开展应急力量建设和应急抢险救援行动。应急救援力量合作框架协议的签订标志着湖北省应急抢险救援领域共建、共治、共享有了新的发展。

2. 非政府组织与志愿者

非政府组织具有非政府性、非营利性和公益性，与政府相比，其具有更加贴近社会公众、掌握专业技能、工作机制专业化、防灾救灾灵活性强的独特特点；与企业相比，其具有注重社会公益、社会认知度和满意度高的优势。2021年7月21日，湖北省武汉、孝感、荆州等地多支蓝天救援队驰援河南抗洪救灾，湖北蓝天救援前后加入救灾的包括宜昌蓝天救援队、孝感蓝天救援队、黄石蓝天救援队、谷城蓝天救援队、荆州市蓝天救援队、蕲春蓝天救援队、武汉蓝天救援队、襄阳蓝天救援队、荆门蓝天救援队、枣阳蓝天筹备队、随州蓝天救援队、长阳蓝天救援队、晨龙蓝天（湖北）航空救援队（筹），共计13支队伍，148名队员，47辆车，19艘艇，25台弥雾机，救援7天，共计转运人员5568人次，充分展示了非政府性组织在自然灾害救援过程中的巨大作用。

当然，"志愿者的价值不仅仅是表达善意，而且要正确表达善意"，我国应该在加强对普通民众树立志愿者科学救灾、理性救灾的意识的同时，也要建立科学完备的志愿者管理体系。完善并加强志愿者队伍机制建设要做到如下几点。

（1）明确落实志愿者的权利与义务

根据有关法律法规，下发具体实施细则，明确志愿者在自然灾害应急处置中的权利与义务。做好日常自然灾害风险防范的宣传、教育和治安、检查等方面的工作，发挥和弘扬无私奉献精神，并通过实际行动吸引更多人民群众加入志愿者队伍；在灾害发生时，社区志愿者在保证自身及家庭生命财产安全的情况下，积极帮助他人，有序开展自救互救，疏散安置居民到应急避难场所，协助专业救援队伍提供灾害信息搜集与简单搜救；在灾害发生后，社区志愿者尤其是女性志愿者，应发挥独特优势，积极对受灾居民进行心理辅导，细心照顾受灾居民，给予他们物质和精神上的帮助。

（2）着力做好志愿者培训工作

重视培训是成为素质高、能力强、行动快的志愿者的前提条件之一。构建和完善志愿者保障和激励机制，相关组织可以在平时加强对志愿者的系统培训，针对不同组别的志愿者，制订不同的培训内容，同时要把沟通技巧、组织技能等纳入培训内容，在做到"精"的同时努力做到"全"；加强实战演练和提升正确的理论知识和实践能力，才能有效应对灾害事件；培训结束后，上级组织和政府应当检查和验收培训成果，以此来确保培训质量。社区应定期对志愿者培训内容进行复习巩固，将培训内容内化为专业性能力。

（3）构建和完善志愿者保障和激励机制

由于志愿者队伍都是在面临各种灾害性事件或事故时展开行动的，他们的生命健康有可能面临较大危险，因此应当保护志愿者的各项权益。要明确志愿者的法律地位和组织地位，确保和增强志愿者的社会认同感，为志愿者提供制度上的根本保障；政府和企业要为志愿者提供相应的保险，有利于志愿者组织长期有效的运转。

（4）加强志愿者间的交流与合作

在日常的工作生活中，志愿者队伍有一定的分散性，再加上救援工作对体力和耐力的消耗，所以志愿者需要一个互相交流和支持的平台来冲散消退工作时的孤独感和无力感。志愿者可以通过微信、QQ 等社交软件建群交流，在交流过程中掌握整体心理过程，还可以在群里分享各种应急知识、视频和图片，复习巩固相关知识，更好地激发志愿者的交流和学习热情；组织座谈会等面对面交流的形式，有利于提升社区志愿者间互帮互助的感情，增强合作意识等。

3. 普通民众

自然灾害下，人的生命财产失去保障，严重影响社会稳定。近年来，由于公众缺乏灾害文化，救灾过程中出现过哄抢、斗殴和灾民冲突等问题。因此应建立长效的灾害宣传教育机制，让人民群众能够树立科学统一的救灾理念和知识，确保灾害突然来临时，受灾地政府和居民不会陷入混乱，为灾害救助和后续恢复提供较好的社会环境。同时，通过灾害宣传教育，可以让人们树立起主动防灾减灾救灾的意识，提高自然灾害防御的主动性。

4. 媒体

媒体作为政府与社会公众沟通的桥梁，其主要作为：一是向政府通报灾害情况和公众反应；二是向民众通报灾害真相和政府治理行为；三是有效引导舆论，缓解民众心理压力；四是及时进行灾害防治宣传教育，防止次生灾害和衍生灾害的发生。另外，如报道失真，造成民众对灾情的错误认识；自媒体炒作，扩大了灾害的负面影响；此外，媒体工作可能会对救灾主体的工作造成不便。值得注意的是，微博、微信等自媒体的发展可能会造成舆情的不可控和无序化，这些都对我国自然灾害舆情管控提出了要求。

因此，政府在利用媒体宣传正能量、消除负面影响、宣传教育等的同时，又要加强对媒体的管控，尤其是新媒体的监控。此外，应该出台相应的新闻管理法律法规，依法治媒是必不可少的。

(三) 应急协作过程中的信息沟通

畅通信息沟通机制，确保灾情信息在应急组织间的无障碍传播。一方面要求保证信息的高效真实性，即避免出现误传、失真等降低信息效率的现象；另一方面，要保证信息传播的良好通达性，打破组织间因行政体制等原因而存在的交流壁垒。畅通的信息为各主体的应急行为提供情报判断依据，决定了应急决策的有效程度和组织间协作救灾的难易程度。此外，畅通的信息表达和获取机制有助于灾情信息在社会范围内的有序公示，避免因误传或隐瞒情报而造成社会恐慌，维护非正常时期的社会秩序。

1. 重视大众意义上的传媒沟通

我国的新闻媒体兼具公共性和社会性，一方面，媒体是政府和公众进行信息交换的有效手段，通过大众传媒的手段将政府的各项政策法规、决议方案等公之于众，保障公民的知情权。在自然灾害等非正常时期，通过新闻发布会等形式向社会公布灾情、公示政府的应急方案及措施、跟踪报道救灾情况的具体开展，使整个社会对灾情有全面清楚的把握，避免因为信息不通畅而造成社会大众的恐慌，影响社会秩序的稳定。此外，灾情信息的实时公开也为广大组织参与救援行动提供了方法和路径，动员、引导社会力量积极有序地参与灾害救援。基于此，政府要积极有效地利用大众传媒向社会公开相关信息，及时公示灾情及救灾细节，设立专门的信息平台进行灾情相关的疑问解答，在社会监督下有序开展救灾活动。另一方面，媒体要站在社会大众的立场上客观履行其信息公示责任，将灾情信息无保留、不失真、不夸张地传达给公众，保证公民及时有效地获取关键信息，维护媒体公正客观的形象。此外，媒体也要广开言路，通过采访、设立信息留言板等形式收集民众的意见和建议，汇集一线灾区群众的现实需求予以公开报道，既为政府的应急决策提供依据，也为社会救援力量功能的有效发挥提供参考，确保供给与需求相吻合。

2. 重视主体意义上的组织沟通

组织沟通是应急响应中的基本沟通形式，包括政府机构的内部沟通、政府与其他组织的外部沟通。研究表明，信息沟通越频繁，组织间的协作程度越高，越有利于应急响应效率的提升。基于此，一方面，要着眼于政府机构的内部沟通，纵向上以信息反馈渠道的构建和拓展为目标，理清上下级政府的信息报告与接收权责，依法形成操作性规范，使得灾时信息的上传下达有法可依、有规可循，减弱政府机构在信息交流方面的行政自由裁量权；另一方面，要着眼于政府机构与其他组织的外部沟通，重点在于搭建统一的信息交流平台，为汇集多方信息、联合多方主体提供实体平台保障。

3. 重视社会意义上的人际沟通

重视社会意义上的人际沟通。依托微博、短视频平台等新媒体技术发展起来的社交网络具有信息容量大、传播速率快、受众广泛等特征，在应急响应中存在着大量的求助信息和灾情信息，需得到充分利用。一方面，突破时空限制的新媒体应逐渐纳入应急响应的信息沟通机制，通过立法规范社会民众的参与；另一方面，公民作为重要的参与力量逐渐成为社会治理的关键主体。因而，应将社会大众纳入灾害应急响应信息网，构建政府与大众的直接信息沟通渠道，设置专门的社会灾情信息收集整理部门，丰富公众参与灾害治理的渠道和途径，使灾情信息在两者间自由交换和流动，鼓励和引导民众成为应急响应工作中的重要协作者，在提升灾害治理效果的同时，提高公民参与公共事务的水平。

（四）多方参与的协同机制的约束、落实和完善

1. 从制约的角度建立规章制度约束

从制约的角度讲，政府作为应急管理的责任机构，应充分发挥其综合协调职能，通过缔结日常的灾害救助协议来搭建应急协作的制度平台。协作制度是应急管理工作常态化、规范化、有序化的保证，通过相关制度的建设与完善保障多主体有序、广泛参与。应急响应政府机构要牢固树立协作意识，通过专门的政策章程，对参与者身份角色、活动规则、权利义务等进行详细规定，并以此作为具体的行动指南，一旦进入突发事件应急状态，便可遵循事前规定的程序进行流程化操作，使不同主体的行为都有规可循。在此方面可参考美、日两国的救助协议制度，引入政府间缔结援助协议的协作方式，将不同主体在应急响应中的任务及工作内容详细列举并形成文本，厘清不同主体的任务及权限，同时协商应急响应工作的启动及开展程序，避免出现压力型环境下的混乱局面，提高救援工作的科学性。

2. 从保障的角度落实协作平台建设

从保障的角度讲，将公众参与机制以实际可见的机构形式落到实处，

配置相应的网络设备实现信息资源的互联共通，并辅以运行规范保障其有效运作，危机状态下可作为统一的协调机构指挥抢险救灾，常态下则可作为学习机构研究灾害机理、开展防灾减灾救灾教育。信息贯穿应急管理的始终，是进行应急响应决策的基础和依据，充分利用互联网、大数据等技术提高信息质量，保障应急决策水平和效率。现代信息技术的发展改变了信息的集成和传播方式，具有爆炸式集中、短时间传递等特点，适应了应急响应过程对信息高质量、大容量、多来源的要求。因而构建基于科学技术的信息融合系统，合理利用政府网站、社交媒体等网络平台将异质数据进行集成，统一发布搭建的信息公开系统并及时更新处理，为协作救灾提供统一的信息来源。

3. 从激励的角度完善协作鼓励体系

从激励的角度讲，要畅通表达渠道，充分尊重不同主体的意见和建议，使其获得参与实感，吸纳更多主体规范参与应急响应过程。关键要打破组织间的协作壁垒，基于动力分析结果构建协作救灾激励体系。应急响应协作网络的构建不能只依靠制度规范予以保障，更要着眼于内在动力因素的积极强化，通过多途径、多方式的政策鼓励措施激发不同主体的协作积极性，为协作救灾机制注入强大的内生动力。此外，打破协作救灾的壁垒，为主体间的多元合作扫清障碍，以思维模式的转变为主，彼此间树立共享互助的协作救灾意识，强化个体的主动协作意愿。

二、统筹协调科技资源和力量

统筹协调防灾减灾救灾科技资源和力量是做好防灾救灾减灾工作的基础，是维护国家整体安全观、保障人们生命财产安全的重要举措，是新时代自然灾害风险防范和应急管理的应有之义。国家高度重视防灾救灾减灾科技支撑作用，专门设立了一系列国家重点研发计划，针对重大自然灾害监测预警与防范的重大战略需求，安排相关项目90余个，为我国自然灾害防治能力提供科技保障。湖北省立足省内基本情况，继续在原有的路线上稳步前进，并做出有特色有效果的改变。第一，加强基础理论研究，科学理论是完成防灾减灾救灾工作的基础，是指引防灾减灾救灾工作的基本依据。第二，加强关键技术的重点突破，从创新层面解决目前尚待解决的问题，是防灾救灾减灾工作突破的关键一步。第三，加强科技成果转化。从实际出发，对科研成果加以改进利用，是理论成果成为解决实际问题的关键所在。第四，充分发挥本省特色与优势，从人才、设备、科技等方面出发，发挥特长，加速推进防灾救灾减灾体系升级和技术换代。

（一）加强基础理论研究

加强重大自然灾害成灾理论、灾害机理、形成过程和发生规律研究。湖北省的自然灾害情况较为复杂，基础理论的研究能很好地为防灾救灾减灾工作指明方向，同时也为后续工作的开展打下坚实的基础。目前，我国在灾害系统与风险系统复杂性的认识、风险评估模型、灾害损失评估方法等灾害评估体系或方法上均有一定建树，但多灾种风险的交叉性、复杂性、系统性等方面的相关理论研究还比较欠缺。而湖北省的灾害便呈现出灾害耦合性特点，往往次生灾害造成的损失也很大，因此，加强基础理论研究势在必行。

首先，要加强多灾种巨灾风险的形成机制和演变趋势，对灾害链的时空特性和延展性要形成完整且科学的认识，尤其要加强自然灾害多风险协同作用，即正确认识自然灾害耦合性风险的复杂性和多变性，使不确定转变为确定的、可控的。建立基于致灾因子、孕灾环境、承灾体的全域评价模型，进行自然灾害风险防范和管理，加强源头管控和提前预警。其次，要明确多灾种的多方影响机制，充分把握区域脆弱性、社会稳定和自然灾害之间的关系。从各个层面评估自然灾害的风险并建立相应的预防措施。再次，评估各地区自然灾害风险防范能力和应急救援能力，根据实际情况对资源和人力、物力进行调控，建立一套行之有效的评估体系或评价方法，对各地区风险防范能力和应急救援能力进行测度与分级。最后，加强理论与现实的结合，从实际出发，去探寻理论欠缺的地方，寻找理论的发展方向；从理论出发，去解决实际问题，以理论为依托，才能更妥善地解决实际问题。

具体来讲，基础理论研究主要包括多灾种耦合事故的致灾机理与规律、多灾种耦合条件下情景构建和推理方法、灾害事故的舆情分析方法、应急救援技术及装备理论、自然灾害事故的案例推理方法等。

（二）加强关键技术重点突破

加强自然灾害防灾救灾减灾领域关键技术突破。从整体上推进大数据、云计算、地理信息等新技术、新方法运用。新技术、新方法在防灾救灾减灾上的应用，是计算机在自然灾害风险防范和应急管理上的最有效突破，关键技术的突破，就是要把目前最新的技术、设备等与自然灾害防灾减灾救灾工作相结合，提高灾害信息获取、模拟仿真、预报预测、风险评估、应急通信与保障能力，从自然灾害预防到治理，再到灾后重建的整个流程上发挥科技支撑作用，体现科技创新对于防灾救灾减灾工作的巨大优势。加强科技条件平台建设，发挥现代科技作用，重点是要把新型科技力量与传统防灾救灾减灾体系相结合，增强防灾救灾减灾的科学性和准确性。

推动如监测技术、设备设施等单项技术不断向前发展。针对在防灾救灾减灾工作中的各种设备设施，不断实现技术创新和设备改造，争取各项产品的更新换代。加强在风险监测与管理阶段的监测预警设备的准确性和时效性，实现各项检测设备的自动化和增强设备的应变能力。加强在灾害发生时用于实施救援的各项设施，加强科技力量在救援工作中的使用，加强各种设备在灾害发生时对人民生命安全的保护。加强科技创新能力在灾后重建阶段的使用。加强现阶段不能满足防灾救灾减灾工作要求的设备设施的更新换代，加强新型人才的培养，加强在防灾救灾减灾工作中各项设备设施的针对性和普适性①。

---

① 刘奕，张宇栋，张辉，范维澄．面向 2035 年的灾害事故智慧应急科技发展战略研究［J/OL］．［2021-08-15］，中国工程科学．

(三)加强科技成果转化

加强科技成果转化,是强化自然灾害防治科技支撑作用的关键。自然灾害风险管理和应急救援工作的有效展开,需要将各种科技成果转化为实际的技术方法、设备设施,否则那些成果便只能是纸上谈兵,并不具有实际意义。加强科技条件平台建设,发挥现代科技作用,完善产学研协同创新机制和技术标准体系,推动科研成果的集成转化、示范和推广作用。

加强各类科技成果的实际效用,坚持以问题为导向,做到有的放矢。加强利用大数据、云计算、卫星遥感、灾害探测、导航系统、无人机等新方法、新技术在自然灾害综合治理与防范层面的应用。如利用大数据对气候、天气进行精确模拟仿真,分析灾害影响区域和程度,为灾害防范提供理论和技术支撑;结合物联网、智能计算实现灾害信息的主动感知与预警监测联动,实现"空—天—地"一体化;运用新技术、新材料、新工艺推动灾害防范治理水平。

如通过物联网实现地质灾害稳定性的监测,对降水量、岩土强度变化、饱水系数等实时监测预警;对重点工程等保持时刻监测监控;充分加强遥感技术在应急响应与救援、灾后评估和灾前预警阶段的应用;通过无人机进行灾前探查和灾后防疫;通过监测定位和物联网工程实时掌握震动、分离、雨量对环境的影响;充分发挥云计算、车联网等在救灾过程中的调度效率。

从防灾减灾救灾的技术角度来讲,应该重点研究的领域有大灾、巨灾的监测预警技术,基于灾害数据库的灾害预测预警技术,韧性城市建设及保障技术,各部门防灾减灾救灾信息融合共享平台。另外,还涉及建筑结构、岩石力学、气象水文、生物科学等相关专业的前沿研究。

(四)充分发挥本省特有优势

提高科技支撑水平要充分考虑本省的人才优势和科技优势。湖北省教育资源丰富,大量大学毕业生作为优秀的储备人才,为自然灾害防灾救灾减灾工作奠定了坚实的人才基础(2020年湖北省高校毕业生达到44.9万人)。

发挥人才优势,就是要重点利用人才,优化人员结构。灾害学、地理学、地理信息系统、计算机、信息技术、应急管理等防灾救灾减灾相关专业的技术人员均衡发展,在原有的基础上培养专业性人才和高质量人才,即纵向和横向发展二者均衡。发挥科技优势,就是要利用湖北省科研院所的优势资源,整合科技力量,形成合力。如加强各科研院所相关专业和重点实验室合作,充分发挥省内重点实验室等机构的人才优势,如利用防灾减灾湖北省重点实验室、环境与灾害监测评估湖北省重点实验室、长江水生生物保护与生态修复科技创新联盟、长江治理与保护科技创新联盟等机构人才优势。开展防灾救灾减灾的新材料新产品研发,湖北省统筹协作,加快推进防灾救灾减灾产品设备产业化发展,发展自然灾害风险管理和应急救援商业体系,凝聚社会力量协同发展,推进全省的防灾减灾救灾工作。

三、强化自然灾害预警监测机制

(一)加快自然灾害预警监测基础设施建设

鄂西北、鄂西南山区,需要重点监测的灾害点数量多,分布范围广。由于受到通信、交通等因素的约束,这些地区的自然灾害风险监测站还没有完全覆盖。同时,现有的自然灾害风险监测站以地震、气象监测站为主,其他种类的自然灾害监测站数量较少,覆盖范围不足。因此,需要各个自然灾害监测部门针对不同的灾害类型,规划好重点灾害监测区域以及各部门监测站点的分布网络,既要保证监测范围的高覆盖率,消除监测盲区,加强监测能力,又要加强气象、地震、水利、水文、自然资源、林业等部门之间的协同工作,依据所监测的灾害信息将各个监测站点进行分类,防止同类灾害信息监测范围重叠过多,将监测效率最大化。同时,推动监测技术的改革创新,加强新技术、新装备的应用,对预警监测站设备进行升级，扩宽信息采集渠道，加强将灾害监测信息转化为有效预警信息的能力，扩大现有预警监测站的监测范围以及增加监测信息的种类，采取"空—天—地"一体化的监测手段，提高自然灾害预警监测站的基本设施水平。

(二)开展风险减灾能力调查，提升灾害风险预警能力

湖北省各县、市、区的经济发展水平、基础设施建设程度以及灾害种类及其严重程度不同，各地区自然灾害综合风险与减灾能力也存在差异。因此，各级政府部门和自然灾害职能部门应提高自然灾害防御意识，进一步明确当地的防灾、减灾、救灾实际需求，制定符合当地自然灾害特点的自然灾害综合风险与减灾能力调查方案，规范方案指标体系，确定结果标准，科学地评估各地的综合风险减灾能力，因地制宜，对高风险灾害区使用更高的标准要求，以确保灾害防御能力。加强气象、地震、水利、水文、自然资源、林业等部门的协同合作，按自然灾害类型划分负责区域，全面排查自然灾害重点监测区，确保每一处隐患检查到位，结合调查到的灾害数据信息，分析灾害发生的规律，提高灾害风险预警能力。

(三)健全与灾害特征相适应的预警信息发布制度

1. 建立预警指标体系

自然灾害预警指标是确定自然灾害预警信息发布等级的关键因素，需要综合考虑各地的自然灾害情况以及风险减灾能力而制定。在获得灾害预警信息后，根据相应的灾害预警指标判断此次灾害是否需要发送预警信息。

通过建立预警指标体系，可以将监测到的自然灾害预警信息进行分类，根据每一级指标的要求，决定向社会群众及时发送预警信息的方式，按照风险等级的高低，让高风险等级的预警信息能够以最快的速度发布。灾害预警信息是否发布、何时发布会对社会情绪造成很大影响。加强自然灾害预警信息管理，防止社会充斥着各种不准确的信息，引起社会不必要

的恐慌情绪。建立预警指标体系可以帮助对舆情的监控和控制，稳定社会情绪，以防在自然灾害面前自乱阵脚。细致化的预警指标体系有利于当地政府的防灾减灾救灾决策，用最合适的资源应对可能产生的自然灾害。

自然灾害预警信息是不断更新的，科学的预警指标体系能够保证发送的自然灾害预警信息的准确性、有效性和动态性，动态的预警信息能够使社会群众充分了解即将到来的自然灾害的严重程度，采取动态性的防灾、救灾措施，保障社会秩序的稳定。

2. 建立自然灾害预警监测信息共享机制

统筹建立自然灾害预警监测信息系统，构建国家、省、市、县四级预警监测信息制度，实现预警信息发布平台与国家突发公共事件预警信息发布系统和市、县突发公共事件预警信息发布系统的纵向连接，实现气象、地震、水利、水文、自然资源、林业等部门预警信息发布系统的横向连接，充分利用现有资源，提高数据共享水平，统一数据归类标准，建设反应快、预警信息传输效率高、覆盖范围广的综合性预警信息共享平台。确定各类自然灾害预警信息的发布主体，开展以责任主体部门为主导的各部门之间协调工作，由相对应的平台统一发布有关自然灾害预警信息，规范信息发布流程，避免发布重复信息，减少非必要预警信息的发布，提高预警信息的准确性、有效性和及时性。

定期进行灾害风险会商研判，召开自然灾害预警监测研讨会，促进各部门信息共享，借鉴其他省份的灾害预警监测经验教训，针对湖北省的自然灾害现状进行会商研判，对自然灾害风险形势给出综合判断，提高自然灾害预警监测的信息准确性、各部门之间的联动性以及信息传达形式的多样性。

3. 加强建设基层预警信息发布体系

建立健全与灾害特征相适应的预警信息发布制度，需要坚持"以人为本"的原则，保证自然灾害预警信息从上到下全方位覆盖，尤其要保证基层预警信息的覆盖率。扩大 12379 短信系统的服务范围，提高人口密度大、地区偏远、自然灾害重点监测区多的地区的灾害预警信息传播率，增加预警信息传播网络节点。

（四）充分利用各类传播渠道，解决信息发布"最后一公里"问题

1. 扩宽预警信息发布渠道

在原有传播渠道的基础上，充分利用信息化网络，通过新建微信公众号、微博等社交平台以及各类视频播放平台、媒体平台官方账号，向广大社会群众发送预警信息，扩展 12379 短信预警信息服务范围，扩大其受众面积。因地制宜，结合各个地区信息传递途径的实际情况，开创符合当地的预警信息发布形式。例如湖北省公众气象服务中心在荆州市实施了创新的信息发布渠道，利用具有当地特色的信息传播网络，通过与当地广电部门签订合作协议，利用荆州市的农村智能广播网以及"村村响"广播向基层群众传递突发事件的预警信息。一方面，对于网络覆盖面广的地区，利用各类网络平台、手机等通信工具发布信息；另一方面，对于相对落后地区，通过村广播、电视、收音机等媒介进行预警信息发布，提高预警信息的覆盖率。

2. 加强信息技术建设

随着信息化技术的不断发展，信息技术对于预警信息发布越来越重要。因此需要加强信息技术建设，从技术层面提高自然灾害预警监测的效率及获取信息的准确性，不断优化信息预警监测系统，扩大监测范围。提升动态监测能力，对重点监测点实施 24 小时动态监测。充分利用湖北省的科研资源，开发新的预警监测系统，保证重点灾害监测区的人民群众第一时间收到准确有效的预警信息。建立三位一体的预警监测网络，综合运用遥感、卫星定位、地理信息系统、物联网、大数据等现代信息技术手段，综合各部门数据资源，实现对省、市、县各级自然灾害预警监测点的 24 小时动态监测和自动预警。

四、加强应急保障能力建设

应急保障指的是在自然灾害发生后，政府及有关部门运用相关的资源

(如自身所拥有的一些专业技能、处理特定事件所需要的设备等)去处理自然灾害时对受灾群众及受灾地区的保障。应急保障行为包括人员抢救、建筑抢救、交通保障、通信保障、电力保障、食品保障等。从主要内容上分析，在自然灾害发生前，需要从以下三方面来提高自然灾害应急保障能力。

(一)救援队伍保障

目前，我国针对自然灾害的人力应急保障主要是以公安、消防、医院等特定机构组织为主，以群众性组织(如各地志愿者协会等)为辅的应急救援体系。在发生特别严重的自然灾害时，军队和武警也会及时参与应急救援工作。自然灾害发生时，公安、消防、医院等机构会由相关的职能部门进行应急抢险队伍的建设。公安、消防负责人员的保护和财产的抢救，医院则主要进行受伤人员的救治和流行病的控制。一些志愿者队伍则协助当地政府进行灾后重建等工作。根据不同的自然灾害类型，政府建立不同的处理队伍，如防洪抗旱应急救援队伍、资质灾害应急救援队伍、森林火灾救援队伍等。除此之外，社会救援队伍也是很重要的一环，包括专业性的社会救援队伍(如蓝天救援队等山地野外救援队伍)以及社会支援救援队伍(如志愿者协会等)。

到目前为止，我国在应急救援队伍建设上已经功绩卓著，但仍存在些许不足。当前我国各省、市、县根据自身地域特色组建了各具特色的应急救援队伍(如矿山救援队、交通救援队等)，种类繁多，但缺乏一支多功能复合型自然灾害应急救援队伍，该队伍应以现有的灾害应急救援队伍为基础，糅合各应急救援队的特点，打造出一只装备齐全、行动力强、调度迅速的应急救援队伍。目前，消防部门在抢险救灾中发挥的作用较多，可以以此为基础建设一支综合性的灾害应急救援队伍。武汉云豹救援队是一支综合性的拥有国内外先进救援设备的"土豪"救援队，救援事迹不仅在国内，也曾多次远赴海外，取得了显著的成绩。国内综合性的应急救援队伍建设应当把它作为标杆，建立综合性强、科技水平高的应急救援队伍①。

应急救援队伍的建设离不开充足的资金保障，应急救援队伍的资金需求一般是在自然灾害发生前的日常储备上，日常的训练以及救援装备的维护与升级都需要资金的保障，而当自然灾害发生时，临时性的资金保障对救援能力的提升用处不大，因此在应急救援队日常维护时就需加大资金投入。

志愿者队伍的建设也是应急救援队伍建设的重要组成部分，但由于各种方面的原因，我国在这一领域的建设和进展还比较缓慢。当前我国未将志愿者队伍纳入政府的应急救援管理范畴，在灾害救援时不能给志愿者分配任务，且日常情况下未能重视志愿者队伍，导致志愿者队伍的专业救援能力不足，在面对自然灾害的救援时，缺乏相应的技能，很少能真正参与到应急救援中，大多参与灾后的重建工作。因此，要鼓励社区和相关组织在平时加强对志愿者应急救援技能的培训学习，针对当地易发灾害制订专门的培训计划，增加培训技能的实用性，以客观实际为载体来掌握、熟悉理论知识和实践技能；定期对志愿者培训内容进行巩固，以达到日常防灾的目的。通过系统的培训及良好的管理，增强志愿者队伍的专业性，将志愿者队伍规范化，以确保志愿者队伍在救灾工作中发挥出最大的作用。同时，建设志愿者队伍一定要对志愿者的各项权益进行保障，为志愿者提供制度上的根本保障，明确志愿者的地位，加强志愿者的自身认同感。政府和有关部门要给予志愿者一定的物质上的保障和精神文明的奖励，这样才有利于志愿者队伍的发展与壮大。在应急救援中，应对表现优秀的志愿者给予一定的表彰，包括物质奖励与精神奖励，进一步激发志愿者的身份认同感，使应急救援队伍进一步发展壮大。

(二) 物资保障

自然灾害应急管理，其中重要的一环是物资保障，应急物资的保障落

---

① 相宁. 自然灾害应急救援队伍管理问题的研究——以 S 省森林消防专业队为例[D]. 济南：山东大学, 2020.

实是极为重要的环节，在这个环节里政府扮演着极其重要的角色，政府相关部门应当确保一旦自然灾害发生，应急物资能跟得上。因此，要加快完善自然灾害救灾物资的储存、调拨以及配送系统，确保在灾害发生时救灾所需物资(如特种设备的转运、生活用品的供应等)能落实到位。

应急救援物资储备点的合理构建是灾后应急物资能够及时、高效运送到灾区的关键因素，政府应当统揽全局，根据地区情况构建应急救援物资储备点，并优化应急调度网络，构建一个系统专业的应急物流网络，保证在自然灾害发生时，应急物资能及时到达灾区。此外，政府还需大力建设应急物资储备的信息管理平台，利用科技支撑，将应急物资储备信息化，保证政府能够实时了解应急物资的种类、数量和储存状态，以便在自然灾害发生时，能迅速高效地进行应急物资的分配与调拨，提高应急物资救灾的效率。应急物资储备除了政府需要做之外，还应该鼓励企业、社区和家庭进行自身的应急物资储备，构建应急物资的多元供给体系，在突出政府作为救援物资供给主导地位的同时，进一步发挥社区、家庭等社会力量，形成政府统一领导、优势互补的救援物资保障体系，共同协作完成对灾害事件的救援物资保障工作，减轻救灾难度、缓解救灾压力。在这一方面，政府物资保障严谨务实，起到很好的带头作用，但社区、居民个人的应急物资保障能力亟需提升。

社区是个人能接触到的除了家庭外的最小单位，因此，社区也是灾害发生后较为理想的恢复单元，社区的应急物资储备保障就显得尤为重要。社区要建立包含灾害救援物资(如照明工具、应急食品、应急药品、通信工具等)的仓库。如以武汉市为例，武汉每年夏天降雨较多，易发洪涝灾害，因此在每个小区应配备沙袋等防洪设施，防止小区地下车库等低洼地段积水。除了设置应急救援物资仓库外，社区还需要做好应急物资的管理工作，做好应急物资的登记与检查工作，对应急食品、应急药瓶等有保质期的救灾物资做到定期及时更换，对照明工具、通信工具等救灾设置做好安全性能检查，及时详细记录物资更换内容，实现社区救灾物资的综合管理，对自然灾害的发生做好充分准备，以便在灾害发生时能够快速及时应对。家庭层面上，每个家庭应该配备一个应急救援包，以备不时之需，应急救援包里应该包含手电、基础药品、压缩饼干等基础救灾物资，以便在灾害发生时能进行自身的物资保障。

建立完善的物资储备保障体系，是提高物资调配效率与人力资源统筹利用水平的关键举措，重点应当立足于县域自身特点的物资储备保障体系。该体系包括应急物资储备库网络体系、应急物资保障联动机制和应急物资保障指挥系统。

科学、完善、有效、可靠的自然灾害物资储备保障体系是自然灾害应急救助工作的坚实基础，是快速地救援受灾群众、减少灾害损失的一个重要前提和根本保证。全面而深入地研究救灾物资储备保障体系，深究目前救灾物资储备中存在的隐患和风险，对于完善当代我国救灾物资储备保障体系，增强自然灾害的应对能力，具有十分重要的意义。我国在救灾物资储备管理体系中存在的主要问题包括储备仓库数目少、布局调整不合理、储备规模较低、品种结构相对单一、储备管理模式简化、缺乏多样性等。为了完善抢险救援物资的储备制度，必须要提高物资的调配管理效率以及对救灾资源的统筹利用水平，可以采取以下举措。

首先，省、市级部门应当统揽全局，促进救灾物资储备性的基础设施完善，扩大资金投放渠道，进一步建立并健全对救灾物资储备经费的管理与监督机制，努力做到专款特贷。此外，还要充分整合和利用各类社会闲置的仓储资源，提倡以租代建，房地产为融合，用较小的投入来实现对仓储设备配套服务的现代化程度和水平升级；省、市级部门还应当发挥上级部门的影响力，完善救灾物资储备的社会动员机制，构建多元化为主体而储备的救灾物资储备制度；倡导地方部门合理地选择救灾物资的储备模式，降低仓储成本。

其次，县级部门和基层要加强对应急救援物资保障体系的建设。最优化选择是建立县级—片区—乡镇三级应急物资储备保障体系。

第一，具有应急物资保障职责的县政府有关部门负责建设本部门的应急物资储备库，库容规模应当满足启动 IV 级以上响应的自然灾害救助、救援储备的需要，构建县应急物资储备中心，作为县应急物资储备主体库，保障全县应急物资的需要。第二，具有应急物资储备保障职责的县政府有关部门和各乡镇人民政府，共同组成并建立全县应急物资保障联动机制。县减灾委员会办公室负责全县应急物资保障的统筹协调；具有应急物资储备保障职责的县政府有关部门负责本部门县级应急物资储备保障和片区应急物资储备保障工作；各乡镇人民政府负责本级自备应急物资储备工作，支持做好片区应急物资储备保障工作，构建"统筹协同、部门联动，条块结合、上下联动，供应快速、保障有力"的应急物资保障联动机制。第三，常规物资储备和一般突发事件应急调用，由各部门根据应急需要调度。突发应急事件启动应急响应后，县减灾委员会办公室提请县人民政府启动县应急物资保障联动机制，统一领导、综合协调应急物资的采购、接收、储存、调度、运输等工作，建立统一指挥、协调有序、运转高效的应急物资保障指挥系统，对应急物资实行集中管理、统一调拨、统一配送，增强应急物资的筹集能力。

（三）资金保障

灾害预防投入的资金会带来数倍回报，因此应根据地方财政情况建立相适应的防灾减灾资金保障机制，加强对防灾减灾资金方面的投入与监督，对地方的灾害救助体系的发展有着积极的作用，同时防灾减灾资金的保障也是确保救援物资有效供给、实现自然灾害救助的前提保障。目前防灾减灾资金的主要来源是财政部救灾资金以及专项应急资金，按照救援资金分级承担的原则，中央和受灾地区政府给予灾区相应的资金补助。按照我国的应急资金的发放程序，由中央财政部门到受灾地区各个部门的救灾资金发放时间较长，通常为 2 个月左右，无较好的时效性。因此可建立自然灾害救助基金，基金主要来源为财政部的救灾资金、社会捐赠基金等。设置该基金后，由民政部门进行分配使用，财政部门进行监督管理。救灾相关的款项应当统一由民政部门进行管理，避免因为受灾基金申报时间过长导致救灾受阻。且设置自然灾害救助基金后，能实现专款专用，地方财政部门会对救灾款项进行专项管理监督，避免救灾资金用作他处。

同时，政府应增加防灾减灾管理预算，设立专门的自然灾害预防基金。目前我国针对自然灾害的资金主要是用于自然灾害中的救灾工作以及灾后重建工作，但针对灾前的预防工作所拨资金较少，导致在灾害发生后往往需要数倍资金去进行灾害救助工作。对于薄弱的灾前预防和预警的资金投入应当加大，重视自然灾害风险防范，提高灾前防灾减灾预算，在灾害未发生时未雨绸缪，将防灾减灾资金投入救援队伍的建设，加强专业救灾队伍的救灾技能训练，及时更新救灾队伍的专业设备。将防灾资金投入志愿者的专业性建设，打造专业性稍强的应急志愿队伍。但这些的基础是需要增加防灾减灾基金的预算，不能因为看不见即时成效就不提高防灾预算，自然灾害防灾减灾工作要做长远打算，不能因为一时投入却无即时回报就不进行防灾减灾的建设，要提高灾前防灾减灾的预算，为自然灾害防灾减灾做好资金保障。

政府还需利用多渠道募集自然灾害救灾资金，比如建立完善的灾害保险制度，利用保险的优势分摊风险，并利用保险制度对受灾地区、受灾群众进行救助与补偿，从而为国家的财政分担一部分压力。政府还需健全救灾物资的捐赠机制，将目前在救灾捐赠过程中的一些问题(如捐赠不透明等情况)落实到位，实现捐赠的救灾物资高效利用，为救灾做好有力的资金保障。

五、强化防灾减灾救灾保险机制

我国目前的灾害救助模式主要是以中央政府为主导，依靠国家公共财政进行支撑。不论是灾后重建还是补偿损失，都是通过公共财政和民间捐款来进行承担和补贴。

面对灾害风险，发达国家大多依靠相对完整的保险体系来进行赔偿和保障。将灾害保险作为一种保险制度，能够有效地转移和分散灾害风险。近年来，我国持续构建完善灾害保险机制，2014年国务院发布的《国务院关于加快发展现代保险服务业的若干意见》将保险纳入灾害风险防范救助体系，这一意见促进了灾害保险制度的构建，为自然灾害的防灾减灾救灾与我国现存的保险制度的融合提供了思路。我国主要有以下四种保险制度：农房灾害保险、农业灾害保险、自然灾害公众责任险和巨灾保险。在政府的大力推动下，自然灾害保险机制已有一定成效，但也存在一些问题，如民众保险意识薄弱、保险制度不够完善、可参保产品较少和灾种不全等。因此，还需要进一步强化我国防灾减灾救灾保险机制。

（一）加强政府和保险市场合作

我国灾害保险市场目前基本处于空白区域，灾害保险涉及的领域和覆盖范围很小。依靠政府资金的自然灾害救助模式未能有效利用保险市场的资源，保险市场提供的救助也微乎其微。因此，政府在现有的救助模式下，将部分救助资金投入保险市场，转为对保险赔付的支持，充分发挥保险市场的积极性，推动保险行业的发展。政府在自然灾害保险的救助机制中扮演公益性、辅助性的角色，支撑和推动灾害保险的发展。目前，在农业和地震方面，我国已构建了相对完善的灾害保险制度。在农业方面，我国是农业大国，靠农业起家，群众有关农业的灾害保险制度需求最多；在地震方面，我国发生过几起强震，造成了巨额经济损失，频繁的地震活动一定程度上促进了地震保险制度的构建。在农业和地震保险制度的构建过程中，政府的推动和宣传起到了主要作用。通过政府对保险行业予以一定支持，采取分担保费、降低费率等措施，减少居民的保险经济负担和降低保险公司的风险。对于保险公司和政府而言，保险公司通过市场运营收回成本获取利益，同时政府能够降低灾害救助财政支出。通过扩大灾害保险覆盖范围，完善灾害应对的财政、金融支撑体系，能够强化灾害保险市场对于风险防范、灾后重建等方面的积极作用，保障社会经济的持续稳定发展。

（二）建设具有中国特色的巨灾保险制度

巨灾保险作为市场调控手段能够将风险分散，投保人通过小额保费来获得稳定的家庭财富支撑，降低被保险人的风险损失。巨灾保险制度的建设一方面能够分散灾害风险，充分发挥我国特色社会主义制度的优势；另一方面，能够在一定程度上为经济发展提供保障，加快灾后重建进程，增强社会管理能力。同时，巨灾保险能够帮助政府统计各类灾情数据，包括灾情损失、人员伤亡情况等，为政府的救灾管理提供宝贵的经验。在建设完善巨灾保险制度的同时，保险业也需要建立起完善的灾害损失预警模型和评估机制。通过研究灾害损失数据，分析灾害的发生规律，政府能够合理规划灾害赔付标准，合理安排救灾物资分配。要逐步建立起以居民、保险公司、政府、巨灾保险基金等多层级、多层次的巨灾风险分散转移机制。通过多头参与，结合现有的多种保险机制，强化社会抗风险能力和恢复能力；通过政府资金支撑、市场投资运作来实现巨灾保险基金的良性运转，解决现有的资金不足、可保范围小的问题。我国人口基数较大，巨灾造成的影响也会相对较大，在特重大自然灾害发生时仅靠政府资金或保险金不足以及时弥补灾害带来的巨大损失，直接影响受灾区域的重建工作。因此，中国特色巨灾保险制度的建设需要以政府为主导，联合保险公司共同承保，收取保费以及保险赔付。通过政府支撑来保障保险基金的稳定性和流动性，避免重大灾害对经济市场造成二次冲击。

建立健全多灾种巨灾保险制度和城乡居民住宅地震巨灾保险制度。现阶段，我国已在部分省市和区域开展了多灾种巨灾保险试点和城乡居民住宅地震巨灾保险试点，取得了较好的成效。多灾种试点目前主要集中在深圳、宁波等经济较为发达地区，保障范围有洪水、泥石流、台风等十几种灾害。巨灾保险由政府统一出资购买，保障省内所有人口。就城乡居民住宅地震巨灾保险而言，目前以云南和四川两省为主。云南省作为首批地震巨灾保险的试点地区，构建了以政府灾害救助为基础、政策性保险为保障、商业保险为补充的多级保险体系。湖北省作为地质灾害频繁发生的地区，洪水、泥石流、山体滑坡等自然灾害时有发生，通过建立健全多灾种巨灾保险制度和城乡居民住宅地震巨灾保险制度，能够有效保障居民财富稳定，降低居民受灾损失，帮助灾后重建工作的进行，保障社会稳定发展。通过多层次的风险分散机制，建立起政府主导、基金支撑、保险补充的赔偿机制。对于不同的地区和城乡区域，提倡各省市地区结合自身特色和灾害风险特点，建立具有区域特色的巨灾风险保障模式，如政府补贴辖区统保、政府补贴自愿参保等保障机制。在制定保费方面也要考虑不同地区灾害特点和规模，按辖区或风险区域差异制定不同的费率等。结合实际情况，考虑居民的实际需求制定高效的巨灾保障模式，定期开展相关保险的宣传活动，增强居民的灾害意识，提高居民参保的积极性和主动性。

（三）加快建立巨灾信息共享平台

信息贯穿灾害风险管理的始终，防灾减灾救灾都离不开信息，对信息技术的合理应用能够使风险防范管理工作高效、顺利开展。在防灾减灾过程中，通过对大量的历史灾情数据进行分析，探索区域自然灾害的发生规律，能够使防灾减灾措施的制订与当地的自然灾害情况相契合，更具实际指导意义。而在救灾过程中，及时、准确的灾害信息能够有效指导当地的防灾救灾工作。我国保险记录缺失，风险分析模型不足，在一定程度上限制了灾害保险行业的发展。应加快建设信息共享、反馈平台，对各区域内各类灾害数据进行排查汇总，结合各区域内经济水平、人口、地理因素等，建立区域风险模型，绘制区域自然灾害风险地图集，结合现有的信息化技术，在信息共享平台上对数据进行分析，通过信息共享平台积累各区域灾害损失和赔付数据，建立起不同区域的巨灾风险模型，科学地制订巨灾保险的费率和赔付金额。

（四）积极推进农业保险和农村住房保险

现阶段我国农业保险和农村住房保险已经基本覆盖各个省市，我国农业保险工作取得了极大进展，农业保险的覆盖率有了明显的提高，但仍存在一些问题：农民参保意愿不高、灾害风险防范意识薄弱、覆盖范围不全面等。国务院于 2016 年印发的《国务院关于印发全国农业现代化规划（2016—2020 年）的通知》指出，要支持和发展农产品保险、设施农业保险以及扩大畜牧业保险种类和范围，加快农业保险的普及和覆盖。因此，应该在各地政府政策以及财政资产的基础上，深入推进农业保险和农村住房保险在偏远地区和灾害频发地的普及和覆盖工作。同时，各个市县区要制定相应的农业保险和农村住房补贴制度，通过各级政府工作人员下沉到县区进行相关推广宣传，保证农业保险和农村住房保险真正惠及基层群众。通过财政补贴等手段，做到辖区统保或农户自愿参保等全面保障。因地制宜，结合当地的政府政策以及财政收入情况确立适当的政府工作模式。"政府补贴，辖区统保"是由政府出资为所属辖区内的所有居民统一购买保险；"政府补贴，自愿参保"是指通过财政补贴一部分、农户出资一部分来实现保费的合理分担，同时保障保险市场的正常运作。不同地区灾害风险程度也不尽相同，因此在保费制订上要综合考虑，依据现有的风险灾害模型，合理保障居民的正当利益。

第四节　健全自然灾害风险防范化解法制

截至目前，我国已经有超过 30 部关于各类自然灾害的法律法规，如《中华人民共和国防震减灾法》《中华人民共和国防洪法》《森林防火条例》《地质灾害防治条例》《自然灾害救助条例》等。这些法律大多针对具体灾害类型的"一事一法"。总体来看，这些法律法规都存在着管理分散，立法重复交叉、碎片化，不利于整合协同的问题。通过前述对我国自然灾害法律法规现状的分析可知，目前应对自然灾害的主要法律为《突发事件应对法》，其对突发自然灾害的预警、响应、救助有较为明确的规定。但对于复杂的自然灾害，目前的法律体系还不够完善。

新时代，习近平总书记站在国家安全观的角度提出了"两个转变，三个坚持""坚持底线思维防范化解重大风险"等防灾减灾救灾新理念、新思想、新框架。这些理念都体现了风险管理、预防为主的思想，随着国家治理理念的持续推进，在应急管理法律体系的基础上加强自然灾害风险防范化解法律机制构建显得尤为必要。习近平总书记强调"在处置重大突

发事件中推进法治政府建设，提高依法执政、依法行政水平"。2018 年
《中共湖北省委 湖北省人民政府关于加快推进防灾减灾救灾体制机制改
革的实施意见》出台，要求"根据形势发展，加强综合立法研究，及时修
订完善防灾减灾救灾有关法规制度和预案，科学合理调整灾害救助应急
响应启动标准"。

一、完善灾害综合风险防范立法

国家层面加快推进《中华人民共和国综合减灾法》（以下简称《综合减灾
法》），以建立完善的自然灾害综合风险防范与应急法律体系，以法律条文
和规定的形式开展常态化的防灾减灾工作，注重灾前预防、注重减轻灾害
风险，实现全面防灾减灾救灾战略，其作为我国灾害防治的"根本大法"，
为防灾减灾救灾工作的顺利开展提供法律支撑和保障。《突发事件应对法》
将突发事件界定为自然灾害事件、公共卫生事件、事故灾难事件和社会安
全事件。在制定《综合减灾法》时，要充分考虑与应急管理相关法规的衔接
和协调，实现自然灾害综合风险防范与应急管理的体系化、法制化和现代
化，切实提高我国自然灾害风险防范与化解的水平。2021 年，深圳市发布
《深圳经济特区自然灾害防治条例（征求意见稿）》，在全国率先用立法防治
自然灾害。作为中部崛起和长江经济带的中坚力量，湖北省也应加快推进
《湖北省自然灾害防治条例》《湖北省实施〈中华人民共和国突发事件应对
法〉办法》等地方法规的制定。

根据国家及湖北省自然灾害分布特征和社会经济影响的实际灾情、灾
害结果分析及预测，本着"统筹安排、突出重点、合理布局、全面预防"的
原则，开展包括地质灾害、洪涝灾害、干旱灾害、森林火灾、农林病虫
害、低温冰冻、气象灾害在内的自然灾害风险区划，从法律规定上明确规
划编制主体、编制程序、编制内容以及修订完善的具体要求。

正值全国第一轮自然灾害综合风险普查之际，建立自然灾害的科学评
估方法，将自然灾害风险的识别、评估、控制、调整等措施任务具体化。
对风险点、危险源开展定期巡查和隐患排查，确定社区、街道、村委会及

公民个人的法定责任和义务，及时采取措施控制风险。通过立法的形式发挥人工智能、大数据、物联网等新方法、新技术在自然灾害风险防范管理中的应用，实现智能化、可视化的自然灾害风险可防可控的目标。在科学评估的基础上，对学校、重大工程、公共避难场所、道路交通工程等不符合风险防范等级标准的风险点采取加固措施，并通过立法明确相关方责任义务。

二、完善应急准备与预警监测立法

防御自然灾害必须坚持常态减灾与非常态救灾相统一，充分完善自然灾害风险防范相关措施，并通过立法予以明确。区别于《突发事件应对法》对自然灾害指导性的作用，国家和省级人民政府的专项立法和区域性法规、条例更具指导性。科学准确的预案是自然灾害防御的关键组成，通过立法明确各类自然灾害的指挥机构需制定相应的应急预案，各街道办事处、社区、村委会应当依据应急预案制定更加具体的行动方案，其他包括建筑施工、道路交通、危化品重大危险源、学校、工贸企业、地铁、体育场馆等都需制定应急预案。应急预案应包括具体自然灾害的机构、职责、预警监测机制、应急处置程序以及不同级别灾害应急启动的原则。

通过立法明确应急预案演练、培训、修订的责任单位、标准程序和具体时间要求，开展地质灾害、城市内涝、防洪、抗旱、森林病虫害、低温冰冻等灾害类型公众灾害教育；为社会救援力量、志愿者建立综合信息平台，进行统一规划管理和调配；明确要求政府对社会救援力量和志愿者伤、亡等意外伤害进行医疗救助、生活救助和抚恤慰问制度；明确应急管理部门健全自然灾害的专家咨询制度，完善自然灾害防治专家库，提供自然灾害防御支持；明确各级政府和主管部门应急物资储备点设置、规划和调度的责任。

通过立法明确自然灾害灾情信息、救援信息，各类型自然灾害主管部门监测预警信息共享，建立应急救灾的通信保障；明确趋势会商、例行会商、汛情会商、响应会商的会商形式和程序；明确灾害预警级别、信号，并向大众宣传普及；建立和完善省市自然灾害预警信息发布平台和机制，将传统的广播设施、广播电台和现代化手机短信、显示屏、交通屏、电视台、警报系统结合，实现常态化的灾害教育和非常态化的救灾信息发布。

三、完善自然灾害治理立法

开展自然灾害治理立法是充分体现"以防为主"的核心思想的必要保障。在划定的自然灾害风险区内进行工程建设时，应进行类似安全预评价、职业卫生评价的自然灾害风险评估，对工程建设项目可行性进行科学论证，根据自然灾害风险评估结果，确认是否批准项目建设或项目建设必须规避防范哪些具体的自然灾害风险。根据自然灾害区域脆弱性评价结果，有针对性地提高相应地区学校、医院、公共场所、养老和儿童福利机构、体育场馆、商业中心、文娱设施、车站、公园市政等区域自然灾害承灾能力。

新建、改建、扩建项目必须充分考虑工程建设、设备设施、电力交通、水务环境等物理脆弱性，以适应自然灾害防灾减灾整体规划布局。如城市工程项目地面标高、排水能力不得降低原有标准、山区工程建设不得破坏原有地质环境的应力稳定性，如确需改造，需进行工程治理及生态修复等。

通过立法确定街道、社区、村组等管理部门和小区物业在暴雨期或汛期防洪防涝责任，如定期设备检修、排水能力排查，及时修缮防灾减灾救灾的公共设施，建立检查和维护制度等。

通过立法确定灾后救助及恢复重建过程中市政公用设施的建设和恢复，制定统筹协同的自然灾害救助制度和保险制度，及时提供最低生活保障和医疗救助等。

通过立法确定灾后监督审查制度，依法对自然灾害防灾减灾救灾过程中的失职、渎职等行为追究法律责任，评估灾害应急、预警信息发布、救援力量调度、救援物资调配、灾害救助方面的合法合规程度，总结经验教训，改进灾害防治水平。

第五节　健全自然灾害风险防范预案体系

当前，我国自然灾害应急预案还存在诸多不足，且表现出了一定的共性，如应急预案不完善，部分地区缺乏专门性和针对性的灾害应急预案；部分地区预案编制不科学、脱离实际且相互之间雷同；预案过于笼统、操作性不够；预案修订不及时、缺乏协调等。基于此，结合湖北省自然灾害特征和灾害应急预案实际，提出健全湖北省自然灾害风险防范的预案体系的方法。

一、完善各类灾害应急预案编制，注重差异性和专门性

湖北省地理环境复杂，自然灾害种类多、分布广、频率高，且区域差异化较大，这就要求在编制预案时要充分考虑不同区域灾害类型和地理环境、社会经济发展的不同情况，注重应急预案编制的差异性和专门性，真正做到应急预案编制"纵向到底、横向到边"。

湖北省目前有《湖北省自然灾害救助应急预案》（2016 年修订）、《湖北省突发公共事件总体应急预案》（2006 年）、《湖北省气象灾害应急预案》（2010 年）、《湖北省防汛抗旱应急预案》（2010 年修订）、《湖北省森林火灾应急预案》（2010 年）、《湖北省突发地质灾害应急预案》（2010 年）等综合性预案，总体来看覆盖了包括洪涝灾害、干旱、地质灾害等湖北主要灾害类型，但也需要及时修订更新，以适应不断变化的自然环境和人类活动变化，充分发挥政府在预案编制中的自主性。

从各地实际来看，虽不同市县有关于地质灾害、防汛抗旱、森林火灾的专项预案，但大多跟省的相关预案雷同，缺乏具体操作性。要改变仅体现类似国家和省一级预案的指导作用的现象，编制具体、详细的预案，面对自然灾害、响应级别界定，该怎么做，如何做，要有具体说明。上级职能部门要做好监督指导，出台各地专项应急预案的编制指南或者说明，严

格把关促进基层政府编制因地制宜预案。通过培训、讲座、会议等形式推进地方政府或基层应急预案的各项活动。如对于防汛抗旱预案，要及时启动响应，根据预案标准和要求，充分做好灾情会商研判，规范趋势会商、例行会商、汛情会商、响应会商等形式，以做好自然灾害应急救援工作。

二、提高应急预案编制的科学性，实现预案编制多元化

我国现阶段各级政府和企业的应急预案种类繁多，但大多存在编制内容不具体、过于笼统、与国家及省级的自然灾害救助应急预案雷同等现象。预案过于笼统导致在灾难发生以后不能科学、准确地决策，从而遭受更大的人员和财产损失，严重影响正常社会秩序的同时还损害相关部门的公信力。

编制科学的应急预案，必须实现预案编制的多元化参与。首先，在应急预案编制之前，深入走访和调研，从以往灾害风险防范过程中吸取经验和教训。开展多方论证，在听取专家意见的同时，进社区、进学校、进工厂、进街道，充分听取基层群众对以往灾害应对过程中存在的不足和问题进行的反馈，充分论证灾害预警、应急响应、灾后救助与恢复重建、常态化应急技能培训和演练是否适应地方灾害风险防范的工作需求，结合各区域自然灾害的特点、自然环境、社会环境的现状，本着实事求是、因地制宜的原则，在长江经济带区域注重防汛抗旱应急预案，在鄂西山区注重气象灾害和地质灾害的应急预案，在神农架林区注重森林火灾预案的编制，在江汉平原、长江中下游平原注重农林病虫害方面的预案，切不可脱离地方社会经济实际，在物资供应不足、技术力量不够、人力资源不周的前提下编制不切实际的预案。其次，在应急预案编制过程中，鼓励社会参与。自然灾害的发生发展过程和风险防范应对涉及多个专业，如监测预警、遥感测绘、气象水文、地质地理、大数据、公共管理、安全工程、应急管理等专业具备丰富的理论基础和技术优势。因此必须提高专家学者的参与度，从专业角度对预案编制过程中的不足提出意见。各方救援力量和民间救援组织具备丰富的实践经验，要认真听取他们对应急预案的意见。

三、开展应急预案系统评估，提高应急管理能力

应急预案的编制是一个动态变化的过程，每次自然灾害之后都需要及时总结更新以适应灾情变化。我国关于自然灾害的应急预案种类繁多，从总体方案到专项、部门方案都必须注重质量和使用效果。风险管理和应急管理过程中对应急预案的评估调整关系应急预案的科学性和有效性。

通过对应急预案的系统评估和检验可以及时发现应急救援体制和运行机制存在的问题，并获取相应的经验。目前，我国应急预案评估机制还未完全建立，在灾后恢复重建的过程中，通过对不同灾害事件进程中应急救援的响应速度、物资调配能力、救灾人员配备情况进行有效的评估，找出其中存在的各种问题，修补其中存在的漏洞，不断完善和改进应急管理能力。在评估的过程中了解灾害发生的原因、灾害链的形成过程、不同灾害后果的影响等。通过对自然灾害应急预案进行风险评估，也可以帮助管理者提高风险防范和化解的水平，增强应急管理能力。

四、加强自然灾害应急预案立法，提高预案法律有效性

预案是依据法律法规制定的具有强制约束力的行政规范。预案不是法律，但预案直接指导具体的行政行为，比法律法规要更具体，法律法规告诉相关部门哪些能做，哪些不能做；而预案则指导相关部门具体做哪些，什么时候做，怎么做，做到什么程度。预案不能创设法律法规，法律法规可以创设新的内容保障预案的执行。在实际工作中，应急预案往往因其法律性质模糊性导致执行不力，效果大打折扣。

《突发事件应对法》明确要求健全预案体系，应急预案要结合法律规定来进行创制，但目前为止，预案的编制、标准和修订等仍然没有明确的法律依据。由于自然灾害的突发性和不确定性等特性，一般的法律法规对自然灾害风险应对不具备法律效力，法律上的空白往往导致我国应急预案无法可依。

　　因此，必须推动自然灾害应急预案上升为法律规范，既保证了应急预案的合法性、合理性，在规范权责义务的同时，又提高应急预案的执行效果，加强各级应急救援预案与《突发事件应对法》之间的有效结合，提高救灾的整体水平。

第八章　完善湖北省自然灾害风险防范化解机制政策建议

第一节　开展公众灾害教育，加强应急技能培训与演练

一、开展公众灾害教育

自然灾害具有不确定性、多样性以及危害性，因此针对不同类型的自然灾害有不同的处理方法和形式，以往的经验式管理模式不适用于当下应急管理的需要。在新时代，要进一步培养公众的自然灾害应急意识，将防灾减灾宣传教育等工作纳入地方政府的政绩考核评价体系。除了日常宣传教育以外，规范化、制度化以及法定化的应急演习是必不可少的，因此要在公众的日常生活、学习和工作当中融入防灾减灾应急演练活动。

（一）普及防灾减灾知识

科普宣传教育有助于提高广大人民的防范意识，努力掌握有效的防灾减灾理论知识及避灾自救的基本技能，在面对重大的灾难和其他突发事故时，能够真正做到冷静、从容地做出相应的处理以及相应的处理措施。推进防灾减灾救灾的基本技能进学校、进机关、进企事业单位、进社区、进农村、进家庭。定期组织开展针对农村住宅小区及城市社区的防灾、减震

宣传教育等实践活动，组织住宅小区居民参加应急救助技能的培训及逃生、避险的演练，增强群众的风险预警和防范意识，提升全体公众的应急、避险、自救、互救的技能。这些活动的举办与开展均有助于促进广大公众防灾的意识。

社区是居民集中的地方，同时也是开展防灾减灾工作要着重把握的重要单位，以社区为单位开展防灾减灾文化宣传和教育，能够最大限度地将相关理论知识和实践经验传播到民众当中。

普及防灾减灾救灾知识，能够提高居民对灾害的全面认识，从而达到居民合理避险、积极自救互救、将灾害损失降到最低的目的。防灾减灾知识涉及面宽广，受众水平各异，知识更新换代节奏快，故防灾减灾知识的普及工作是一个长期、艰巨的任务。针对区域内自然灾害，政府、科研机构和社区街道等可以通过在宣传栏张贴警示性标语、宣传海报等来普及防灾避灾知识以及应急救援技能，提升群众的危机意识和自救能力。

在新媒体时代，人们能够通过微信、微博、短视频平台等媒体工具获取大量信息。政府部门可以通过利用新媒体传播范围广、受众多的特点来宣传防灾减灾安全知识。比如通过制作公共安全知识动画等方式普及民众对自然灾害的认识，提升民众的防范技能。社区也可以通过灾难事实和灾区氛围的体验来提升公众对灾害的认识。

(二)组织防灾减灾培训

1. 社区灾害应急演练

自然灾害救助应急预案应具有科学性、实用性和可操作性。首先要成立专门的领导、工作小组，根据应急预案确立演练方案。针对演练方案，要广泛征求意见，不断完善，保证质量；分阶段或者分场景进行社区和街道演练，分练与合练相结合。

2. 手把手地培训

有一些群众受教育水平较低，他们学习应急自救知识存在一些困难，在防灾减灾教育中可以采用灵活的方式，通过培训人员深入基层，对部分群众进行手把手的教学和培训。

3. 发放奖励激励

培训项目的组织者或者相关的委托机关可以通过发放奖励、激励的方式，激励防灾减灾培训的发展。

4. 灾害应急演练评估

灾害应急演练的评估能够有效地对演练中遇到的问题进行全面总结梳理，根据每次演练的主题、时间、地点、事件、人物，找到各类灾害应对的有效办法。灾害具有独特性和差异性，每次灾害应急演练必然有其不同的诱因、经过和结果，但是总体来说，也并非无迹可寻，灾害应急演练评估的主要作用就在于总结出某一类灾害的固定特点、不同类型灾害之间的联系，并加以利用，提炼出更为科学合理的灾害应对理论体系，在今后面对各类灾害时有据可查。

二、加强应急技能培训与演练

（一）加强基础保障建设，提升应急培训水平

应急管理工作是应对处置自然灾害和事故灾难的主要方式。尽管随着时代发展和科技进步，人类应对灾害的能力不断提升，但仍需提高灾害风险管理意识，加强应急管理能力。应急管理能力是减灾救灾的重要保障。尽管应急管理是一项高负荷、高压力、高风险的工作，但其治理体系和能力的现代化任务十分艰巨。推进应急管理体系和能力现代化，从树立"以人为本、生命之上"的安全理念出发，安全与应急技能培训是实现应急管理工作的一个战略性、基础性环节。然而，现有的应急培训不能很好地满足应急管理功能的要求，因此提升应急培训水平迫在眉睫。

加强基础保障建设，提升应急培训水平主要有三个方向。第一，健全制度，为应急培训提供机制保障。建立健全各项关于应急培训的制度，能够保障应急培训工作依规、有序进行。因此，应当把健全应急培训制度作为全省应急培训工作的突破口，为提升应急培训水平做好保障。第二，强

化基地，为应急培训提供平台保障。依托应急培训基地开展应急培训，促进应急培训专业化、专门化、常态化和集约化，加大应急培训资源的整合力度。第三，不断创新，为应急培训提供措施保障。创新型培训活动有助于全社会普及应急知识和技能，会议、竞赛、宣传、演练等方式均能够起到很好的培训效果。

应急培训和演练对应急管理事业也具有极其重要的作用，自然灾害风险防范作为一门科学，需要具有专业精神、专业素养和专业能力的专业人员，同时也需要全社会对普通应急知识有一定的了解与掌握。提升应急培训水平是满足新时代应急管理工作的必由之路。

(二)加强应急培训导向，规范演练行为安全

随着国家的重视，教育工作的开展为应急管理提供了一批人才，但大多数仍停留在学历教育和职业教育阶段。针对自然灾害防治，专业性较强的人才还是比较欠缺，因此，应急培训工作必须要加强应急培训的导向作用。首先要抓住应急培训的内涵，始终明白是在安全科学的理论基础之上的教育培训工作，保持"培养+训练"的方式去呈现应急培训的理念与文化。

应急培训始终以价值需求为导向，以价值需求的特殊性作为基本途径。应急培训工作立足于人，受益对象也是人，因此必须坚持人的核心地位，坚持把人的因素作为应急培训的核心。应急培训具有典型的实践性特征，在整个过程中加强应急培训的现实性特征，把应急培训的需求立体化，从各方面确保应急培训的成效。

加强应急培训导向，是指在明确应急培训内涵的前提下，进行应急培训的内容要具有单一专业性强以及良好的可操作性。举例来说，针对湖北省严重的洪涝灾害和地质灾害，湖北省的自然灾害应急培训要以洪涝灾害和地质灾害的应急管理作为主要培训方向，旱灾次之，其他自然灾害为辅。此外，正确区分国家公务员培训、应急系统培训、灾害信息培训、社会培训在自然灾害应急培训中的区别；正确区分灾害防治培训、应急救援培训、业务能力培训的区别。对待不同的灾种、不同的人群、不同的岗位采用不同的培训方式。

（三）提升应急培训广度深度，推进应急演练体系建设

提升应急培训广度深度的落脚点在于深度。在加强应急培训专一性的同时，要保证应急培训具有一定的突变应对能力，这就要加强被培训人员的应急管理知识广度。湖北省的自然灾害特点呈现出频次多、分布广、灾种齐全的特点，因此，培训的应急管理人员要对各种自然灾害的应急管理有一定的了解，并且有自己的"特长"所在。应急培训的广度还包括应急培训人员的广度，包含社会各个职业、部门的人员，囊括整个社会人群。而重点则是应急培训的深度，换句话说，就是要保证应急培训的质量。提升应急培训能力质量，是切实把应急培训工作做好的重要保障。提升应急培训的广度和深度，就是要拓宽自然灾害应急救援人员的知识面，丰富和完善自然灾害应急人员的知识体系。

推进应急救援与演练体系，是开创新时代新格局的自然灾害应急救援工作的未来前景。提高认识，强化创新，通过提高应急培训的质与量来改变全社会应急管理人员的理念、知识与技能，使得各类人员能够在自然灾害发生时根据自己所处的"位置"来做好应急救援工作，使各类人员能够更好地迎接各类风险的挑战，促进全社会应急救援事业的发展。整个体系应当包括三个要点：首先要强调以人为本的核心观念，把安全和应急作为培训工作的基本内涵，其次要立足实际，着眼未来，以价值需求为导向，但要增加相应的灵活性；最后是体系的全面性，无论是政府的各个部门、各级行政单位，还是社会的各类群体，都需要做好安全与应急培训。

第二节　加强基层灾害应对能力建设，创建综合减灾示范点

一、加强基层灾害应对能力建设

（一）加强基层减灾基础设施建设

在面对灾害时，基层更能够发挥减灾作用。防灾减灾基础设施为提升

灾害防御能力提供了硬件保障。基层减灾基础设施的完善情况，对于灾后开展自救、互救行动至关重要。

1. 规划和建设基层灾害避难场所

紧急避难所是人们在灾难发生后避免灾害造成的直接或间接伤害的场所，可以通过某些功能性设施来保护民众基本生活。应急避难场所应包含应急避难指挥中心、独立供电系统、应急直升机停机坪、应急消防措施、应急疏散区和应急供水等11种应急避让功能，通过物流、信息流、电力等形成完整的网络。应急避难场所的建设意味着政府的灾害管理工作更加科学。当灾害发生时，应急避难场所充分发挥紧急转移安置的作用，成为受灾群众的临时避难场所。位于武汉市中南路和中北路连接处的洪山广场，由武汉市民防办监制的"应急避难场所"标牌竖立在四周临街位置。2013年，洪山广场就成为武汉市首个应急避难场所，达到了国家地震应急避难场所II类标准。

2. 选择和设置减灾宣传场地

可以利用辖区内的办公室、广场、学校操场等地作为防灾减灾知识宣传的场所。还可在小区门口摆放大型的防灾减灾知识宣传栏，让进出小区的居民可以关注到这些信息内容。

3. 完善物资保障体系

应急物资是自然灾害应急管理的重中之重。因此，政府应当充分利用先进技术，建立科学的物资储存调度系统，对救灾储备物资进行管控、运送和使用。

①配备灾害应急救助物资，包括通信设施、药品、救援工具、照明工具和生活类物资等。社区内每个居民家庭也应该准备一些应急救助的必需品，以备不时之需，比如防毒面具、手电筒、哨子、胶鞋等。同时，建立完善的应急物资管理目录，保证物资全流程的监控，实现各项资源的合理分配，提高救灾物资储备数量、品种和利用效率。

②政府给予一定的资金投入。对存在经济困难的社区政府应提供资金支持，为这些社区购买消防器材、应急救助工具等一些必需的物资，还可

以协助社区与大型的商场超市签订物资储备协议，比如食品、饮用水等不易储存的物品，在灾害发生时，实行先调拨后结算的方式，以确保灾害应对时能临危不乱。

③建立健全的应急物资采购制度，建立政府和社会相结合的应急物资筹集机制，并鼓励社会组织或私营组织进行捐赠和援助，将社会力量和政府力量充分整合起来，尽可能增加物资储备数量和物资储备种类。

④设立防灾减灾标识，在应急避难场所、关键路口等设置安全应急标志和指示牌，明确标明应急疏散路线，以引导群众快速找到避难场地。防灾减灾标识设置要求：应设置路标和指示牌来指明居民疏散地点；场所周边道路应设置防灾减灾的指示标志；场所内各种配套设施设备应设置明显的标识及使用说明；场所出入口应设置应急避难场所组合标识或统一标识，还要有标有文字说明的应急避难场所平面图和周边居民疏散路线图。洪湖市荷花广场各个入口处标志着应急避难安置点，还包括应急指挥、应急棚宿区、应急供水、应急厕所等应急避难指示、标识牌，将广场进一步划分成多个功能区域，进一步明确了应急避难场所的功能。

(二)建立基层灾害应对组织

1. 灾害应对组织构成

灾害应急队伍应结合基层实际，整合基干民兵队伍综合执法、治安维稳，在社区街道建立综合应急救援大队，开展平稳与安全、请愿与调解、卫生防疫、安全监管等工作。在紧急情况下，将由社区街道应急办公室进行紧急救援。根据应急工作的特点和高技术要求来组建应急专家队伍，包括卫生、地震、水利、消防、电力、安全等方面的专家，为科学决策和应急处置的有效采取提供保障。

2. 灾害应对组织的任务

掌握防灾减灾相关政策法规，详细了解全市防灾减灾形势，熟悉易发灾害的主要特征和预防、应对措施，并能够在灾害发生时及时组织基层人员做出有效应对。

灾害发生前，提高危机应对和运作能力；灾害发生后，组织开展自救互救，并确保灾害现场的秩序不发生混乱，以免灾害的扩大化；当专业的搜救队伍或人员进入灾区时，积极配合专业人员的工作，为他们指明灾区路线以及受灾群众所在地，辅助专业人员进行搜救，保证搜救工作的顺利开展，并且对已被救援人员进行及时的照顾；搜救活动基本完成后，协助政府相关部门搭建临时物资发放区域，且协助应急救助物资的发放工作，维持居民领取物资的现场秩序。

3. 应急救灾人员培训与分类管理

（1）应急救灾人员培训

培训的主要内容有：识别、确认危险状况；应急救援的培训内容；信息的发布时机与报告事宜；协调与指导应急行动的指令与反馈；应急救援预案岗位功能与作用；常用的危险化学、生物术语和表达；特种防护器材的选择与使用；合理调用应急资源；外部系统的支持；各类灾害危险专业控制技术；灾害危险评估和风险评价技术；事故救援；事故清除与系统恢复程序及技术；灾害应急救援预案的启动；后勤支援的管理；应急救援总结与善后处理。

（2）应急救灾人员管理

坚持以人为本、生命至上的原则。把保障人员生命安全、最大限度地预防和减少事故灾害造成的人员伤亡和财产损失作为首要任务。按灾害类别实行分类建设和管理，健全"分级管理、分线负责、分级响应"的应急管理体制；健全预测与预警机制；落实基层预警信息发布、调整和解除机制；坚持预防与应急相结合、常态与非常态相结合，强化一线人员的应急处置能力和逃生能力；制定实用且可操作的应急预案，并通过演练不断完善改进。

二、创建综合减灾示范点

自 2020 年 6 月省应急管理厅在全系统扶贫驻点村部署综合减灾示范村创建工作以来，各市、县应急管理部门对标"十个一"创建任务，整合多方资源，大力推进落实，初步形成应急管理部门"主抓"、驻村工作队"主推"、村两委"主做"的工作格局。

(一) 省级部门统领全局

省级有关部门应统领全局，做综合减灾示范点创建的审核者，减少省级单位各县市的干预，充分发挥各县市区的独立性。省级单位应当给予地方减灾示范点创建的政策优势和经济优势，例如颁布综合减灾示范点建立的政策优惠以及与大型保险公司合作，以县区为单位开发农业作物险、牲畜险、房屋居住险等增加农村区域的韧性，提升农村抗灾能力。此外，省级在调度资源，创建综合减灾示范点上更有优势，可以甄选受自然灾害损失明显的乡镇、街道办事处或是社区、村落协调资源开展综合减灾示范点创建工作。总的来说，省级减灾相关部门和单位要站在一定的高度去对待全省的减灾示范点创建，既要为全省的建造工作指明方向，也要鼓励地方部门根据地方特性充分发挥自主性。

(二) 市级先行示范

市应急管理局应当以点带面，从市局驻点村开启综合减灾示范工作，并以此作为全市模板。根据防灾减灾救灾新形势，整合资源编制防灾减灾救灾手册、工作指南等，加强防灾救灾减灾宣传和突发事件应急预报。市级防灾减灾救灾有关部门和单位要做好自然灾害防灾减灾救灾工作的资源调度和人员整合，积极向减灾模范市区学习的同时，在全市统领全局，并创建综合减灾示范点供全市学习。市级相关单位在自然灾害综合减灾示范点建设上要充分发挥带头作用和监督作用，相较于省级相关部门，市级防灾减灾救灾相关部门所管辖的范围更小，同时也就有更为明确的方向。

(三) 县局自创特色

县区应急管理局和相关部门应将自然灾害综合风险普查试点与综合减灾示范创建相结合，将上级指导意见与地方自然灾害情况以及乡镇特点相结合，将地方优势和先进科学技术理论相结合，对全县自然灾害风险进行排查，排查的范围应当包括自然灾害风险本身以及防灾减灾救灾工作中可能出现的问题。推进减灾工作宣传走进社区、村落，争取县财政支持，为全县购买意外伤害保险。聘请专家为乡镇、街道开展讲座，制作应急逃生和避难场所等相应标识、防灾减灾救灾宣传栏，并协作出台使用应急广播的指导意见。

县级单位进行综合减灾示范点创建要充分发挥自身县域特色，把具体举措落实到个人，加强县级减灾救灾网络的构建，具体点规划到人。促进灾害信息传递能力的提升和队伍的稳定，为防灾减灾救灾人员提供减灾救灾基本装备，为自然灾害减灾示范点扩大到县级单位做好准备。

（四）基层积极作为

基层作为直接接触群众的第一层机关，在开展减灾示范点创建上发挥着重要的作用。基层单位要积极开展宣传教育、组织应急演练、设立警示标识等举措，增强群众安全意识和防灾避险能力。基层单位作为最贴近群众的级别，要摸清所管辖范围自然灾害相关的基本情况，了解各家各户的特殊情况，在灾害发生时及时予以救援，首先要摸清风险隐患，例如地质灾害、洪涝灾害隐患点；其次要摸清弱势群体分布状况；最后要摸清应急资源储备情况，包括物资、人力等。

基层作为自然灾害减灾示范点创建的最小单元，要体现出创建减灾示范点的战斗力和凝聚力。在上级领导指挥下，各级任务导向逐渐精确化，开展减灾示范点创建工作重点依旧会落到基层单位。因此，基层单位要积极作为，充分发挥基层的作用，为全省减灾工作奠定坚实的基础。

第三节　完善灾后监督审查，强化
灾后救助与心理辅导

一、完善灾后监督审查

（一）重视事后问责

首先，明确各部门的职责。应科学地划分各部门的职权，解决各部门管理职责冗杂问题，提高救援的工作效率。同时，以提高政府各部门的规范化工作流程作为目标，明确责任制，对各人员进行考核，确保评估的实用性、科学性、合理性和可操作性。还要充分发挥群众的作用，呼吁全社会监督，通过利用舆论和媒体监督机制提高政府部门透明度。

其次，加强事后总结以及问责力度。突发事件发生后，政府部门应成立专门的调查、评估和监督机构或专责小组，分析事件的客观原因，调查事件的责任归属并做出决议，对责任人进行查处。要加强对媒体和全社会的监督，清晰界定政府的职责归属，防止权力寻租和相互推卸责任。

最后，基层政府要明确农村应急管理工作流程，提高农村应急管理的意识及水平。我国中央政府应通过加大对基层政府应急工作的关注，完善农村应急管理体系，建立长效管理机制。还要重视人才的培养，发展预警技术，提高农村地区自身的应急防范和处理能力，保证在一定的自然灾害下有自救能力，减少灾害所造成的损失。

(二)建立平等对话机制

当前社会大众迫切需要构建平等的社会对话机制，提高省基层政府与民众之间的紧密度，建立平等对话机制。个人相对于政府来说是弱势的，当前政府迫切需要与人民沟通，减少紧急事件造成的危害。

建立社会平等对话机制有如下途径：第一，加强农村基层民主组织建设，保障农民知情权；第二，充分发挥非政府组织的作用，突发事件中相关组织可以作为中立方参与其中进行衔接；第三，基层政府应该充分利用媒体网络等渠道，以便于群众了解情况，相关领导可以通过互联网平台同广大群众进行双向沟通交流，以实现平等对话模式。

二、强化灾后救助与心理辅导

(一)加强灾后受灾群众心理疏导

心理创伤是自然灾害受灾群众难以抚平的伤口，比自然灾害带来的其他伤害更加严重。严重的心理创伤能够影响一个人的一生，灾后心理疏导就显得尤为重要。

灾后心理辅导的第一级人群是灾难的幸存者，他们面临身无居所、亲友逝去的悲痛；第二级人群是灾难现场的目击人群，亲眼看到了灾难带来的巨大悲剧，会给这类人群带来极大的心理阴影；第三级人群就是与幸存者和目击者有直接关系的人，比如他们的亲戚、朋友；第四级人群就是救援工作开展的执行人员，他们对灾后的伤员进行救治的同时，感受到灾难带来的巨大损失和影响。

儿童和老人是自然灾害中较为特殊的两个群体，当他们经历自然灾害后，心灵受到一定的冲击，相较于成年人，他们的心理状态要弱得多，很容易受到损伤，再加上成年人忙于灾后重建，小孩和老人的心理需求会被忽视，这就给儿童未来的成长埋下了巨大的隐患。

加强灾后儿童关怀、受灾群众心理辅导是受灾群众心理健康康复的重要举措。随着生活水平和医疗条件的发展，物理性损伤得到救援的可能性增大，心理状态的好坏直接影响灾后群众的生活。儿童作为祖国未来的接班人，心理健康对未来的发展尤为重要。给受灾群众发放儿童温暖包、在儿童服务站开展安全教育课，从小教育孩子们灾害的发生和应对方法。心理疏导人员要从受灾群众的心理出发，稳定受灾群众的情绪，使受灾群众能够积极乐观地面对未来的生活，并且做好长期工作的准备，要采用逐渐引导的方式来帮助受灾群众自己走出困境，给受灾群众构建一个合理的、适当的、有利于他们康复心理的理念和人际关系。鼓励康复医院和机构的专家对受灾群众进行心理疏导，重新建立起受灾群众对未来生活的信心。

(二)发展民间灾后心理辅导网络

灾后心理辅导不能仅仅依靠政府和有关部门的力量，要大力发展社会力量，和政府部门力量融合、协同合作，发挥心理辅导人员的最大效用，壮大社会灾后心理辅导网络。2018 年成立的湖北联合公益救灾网络现在已经有 80 多家民间社会公益组织，广泛分布于全省 17 个市州。

原有的湖北公益组织主要关爱空巢老人、关爱留守儿童等，关于救灾行动的还比较少，这是因为救灾行动相比于其他行动，更为专业、复杂，需要更多的物资和资源。正因如此，应当在民间发展和建立心理辅导机构网络，把灾后心理咨询和辅导真正落到实处。编制湖北民间灾后心理辅导网络，加强社会力量对灾后心理辅导的贡献作用，集中全社会力量对受灾群众进行心理辅导，充分利用社会资源的协同调度，从而将有限的人员发挥出最大的作用。心理辅导网络的要点是呈现出网络覆盖的全面性、城镇与乡村的统筹安排，使灾前教育与灾后辅导相辅相成，为受灾群众坚定信念。

(三) 完善灾后群众心理危机救助机制

首先，深挖灾后群众心理危机干预预防机制，建设层次化人才队伍。成立在突发性灾害发生后能够及时响应的心理危机干预队伍，按照不同层次、类别、任务建立专业队伍，保证突发事件后能够及时有效开展心理危机干预工作，保证专家队伍和咨询师的资质专业，并组建相应的储备力量。其次，塑造灾后群众心理危机干预准备机制标准化范式，保证灾后心理危机干预专家组能够及时到达现场，并能保证专家组的安全，根据不同群众的心理创伤程度及不同受灾群体进行分派。此外，还应给救灾人员提供及时的心理服务。再次，创建灾后群众心理危机响应机制本土化特色机构。该机构可与灾后心理辅导网络相辅相成，灾害发生后的短时间内，心理辅导网络的社会力量协作心理危机响应本土化机构，灾后重建时期内，该机构可以适当配合心理辅导网络对灾后群众进行心理辅导。最后，规范灾后群众心理危机干预恢复机制法律体系。政府部门应当出台具有预见性和针对性的心理辅导法律体系，明确灾后心理救援中涉及的人员、设备、财产等，做出实际性的解释，在各级应急预案中规范自然灾害灾后群众心理辅导的相关应急事宜。此外，还需明确灾后心理辅导相关负责人的岗位、职责、人员调配、协调指挥等相关事宜①。

（四）灾后不同阶段心理疏导的方法

在灾害发生初期最重要的是急救和安抚。我们要引导目标人群从这种状态中逐渐恢复过来。同时，应特别注意识别目标人群潜在的精神障碍，如创伤后应激障碍的治疗。

在中间阶段生活逐渐安定，经过生活中的一些细枝末节的影响，心理问题逐渐显露出来。心理疏导手段应因人而异，可以综合运用独立帮助、集体行为、学校和社区心理健康教育等手段，针对不同的人群开展心理疏导服务。

在灾害后期，灾区生活逐渐恢复正常，应建立灾区民众心理服务的长效机制。要防止慢性心理障碍的发展，同时也要注意目标人群逐渐改变的行为和人际交往模式，如享乐主义、倦怠和失去价值感等。

第四节　搭建灾害风险防范与应急信息平台

防灾减灾救灾各项工作始终事关广大人民和群众的生命财产安全，事关社会的和谐稳定，是衡量一个执政党的领导能力、检查一个政府的执行能力、评价一个国家的动员能力、彰显中华民族的凝聚力等的一个重要方面。近年来，在党中央、国务院的坚强领导下，我国的防灾减灾和救灾工作取得了重大成就，积累了应对重特大自然灾害的宝贵经验，国家的综合减灾救灾能力明显增强。但我们也应该清醒地认识到，我国当前所面临的自然灾害形势依旧复杂严峻，灾害性信息的共享与救援管理资源的统筹措施存在缺陷，重救灾轻减灾的思想还比较普遍，一些偏远地区或者城市的高风险地区、乡镇不适宜设防等情况尚未根本得以改变，社会力量和市场

---

① 王豪.福建省灾害救助管理体制及政策优化研究[D].厦门：厦门大学，2019.

机制的作用尚未真正得到很好的充分发挥，防灾减灾知识宣传教育工作并没有得到广泛开展。为进一步切实做好灾害风险防范与搭建应急信息平台等各项工作，现提出以下对策意见。

一、拓展灾害风险数据库

加强自然灾害风险评价与隐患排除综合治理成为自然灾害风险防范工作的"龙头"。"三个转变"要求从更多地注重灾后救助向更多地注重灾前预防转变，这是一项十分重要的社会基础性事业，也是在体制机构改革后我们党和国家推进自然灾害预控与防治的九大任务中的重点。

自然灾害包括自然洪涝灾害、气象破坏事件、地震灾害事故、地质灾害事件、海洋灾害事件、生物灾害事件、森林树木大火和高山草地森林大火。县级以上人民政府及其有关事业单位部门应当通过各级有关行政部门定期地组织开展自然灾害多发风险的信息普查和风险监测评价工作，建立自然灾害风险数据库，对本区域容易发生的自然灾害危险的主要种类、灾体风险、综合灾害防灾和抗震减损的抗灾能力以及一定区域内各种多灾多害并发的灾体群发、灾害之间连锁性的特征等实际灾害情况数据进行分析评价，确定区域内是否可能存在自然灾害多发危险。

根据自然灾害事件发生的各种可能性及其原因，以及自然灾害造成的危害后果，将自然灾害中具有风险影响的区域、时间、部位细化为重点防控区域和一般风险防控区、重点预测防控阶段与一般风险预测期、重点预测风险地区与一般风险防控点。同时，编制本地区所在行政范围内的主要自然灾害的风险情况图和主要自然灾害的综合规划情况图。相关部门负责人应当研究制定自然灾害中的风险防治工作实施方案，明确其防治的目标任务、监测与防范措施、责任机构和责任人，落实其防治职责。

同时，在自然灾害中进行风险重点防控的区域、重大风险地段应当建立警示标志，显示其他地方的风险因素，包括危害范围和风险因素，以及安全转运线路、避难地点和责任人，并及时告知受到危害的区域内的工作人员与单位。在国家重点地区的防控阶段，有关地方人民政府和其他相关部门都应当进一步加强对地震的监测和预警，及时收集更新天气、水文等相关信息；加强对于重点地段区域、部位的管控，并且企业可以根据情况发布命令或者是公告，禁止或限制其他相关的人员、物品进入。

二、搭建信息共享平台

云服务、大数据、"物联网+"等信息化技术和产品随着互联网时代的发展应运而生，它们都是构筑了新时期我国应急治疗管理制度体系的一项基础性工程。利用各类信息化服务和移动互联网，可以搭建灾害性风险信息共享服务平台，为广大的工程项目组织和实施提供一个强有力的信息支持平台。以互联网信息化推动灾害风险调查和对重点隐患的排查管理能力的现代化，为强有效地实行风险监控预警、风险评估及综合降低灾害危机、应急指挥、智能决策等方面的风险管理服务提供了基础信息技术支撑，促进了应急管理能力的现代化，切实维护了人民群众的生命财产安全和国家安全，实现了应急管理信息化的跨越式发展。

按照经济、共享、节约的原则，利用现代化的技术和手段，搭建一个容纳多方信息来源的应急信息共享平台作为信息汇集地，实现信息技术与机制设计的有机结合(如图 8.1 所示)。基层政府、新闻媒体、社会组织等相关部门可以在应急信息共享平台进行信息的传递与交流。应急信息的"把关人"通过对信息进行实时监测、监督与补充，推进信息的传播，缩短信息流链，从而实现信息的收集、汇总、报送和反馈的快速响应和高效运作。信息服务企业如手机、微博、微信和各种新闻客户端等对应急信息进行接受和传播。在这样一个流程下，应急信息得到了有效的传播。

三、提高预警信息准确性和时效性

政府是应急信息的官方发言人，是主心骨，其发布的信息必须绝对准确。在移动互联网的新时代，各种互联网信息铺天盖地，自媒体为了流量争相报道未经证实的信息，让公众陷入谜团。因此，提升自然灾害应急预警信息公开发布的精度和时效性迫在眉睫。

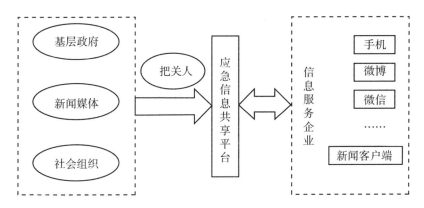

图8.1　应急信息共享平台框架

　　首先要强化政府信息报告的主体责任。作为官方第一发言人，必须将信息第一时间传递给公众，而最有效的一点就是简化信息上报的审批流程和环节，采用例外原则，特别是面对敏感信息、预警信息时，采用"边报告、边核实、边补充"的模式。其次要提高政府应急信息传播方式的多样性。充分利用网络等通信技术，扩大应急信息传播面，加大对现场信息的报道力度，用视频等直观形式来进行报道。最后建立多方核报信息机制。政府在公开信息时要进行二次核实多方印证，以横向和纵向相结合的模式同时向事发地政府和主要负责部门进行多方核实。但在具体操作细节上，还是存在进一步的提升和改善空间，如对于一时情况不明的，可以在应急系统内部设置各个环节限时核报制度，对各个重点环节的核报和反馈意见的时间要求做出明确规定，在特别紧急情况下，允许当地内部按照分管领导迅速办公，应急信息监测管理部门电话预约，然后再向应急信息监测管理部门报告、书面报道以及后续追加等方法，规避了层层核实所带来的数据传递途径长、费用时间久等问题。在及时核实有关突发事件的线索后，应急信息监测管理部门工作人员还需主动追溯、督促和催报与续报相关信息，再加以汇总、分析和判断，尽可能全面准确地了解所掌握的情况，补全信息要素，丰富和完善已有信息内容。针对企业上级首先已经掌握的相关信息，而在企业基层尚未找到能够及时采取有效管控措施或未来及时解

207

决的相关信息资源倒流等突出困难问题，应该提出要加快设立自上而下的逆向信息反馈和有效监督机制，以及及时督促各个层级相关事业单位部门加快组织发布相关信息的数据收集、研判及分析报告，在确保应急信息快速的情况下，力求信息传递的"精度"。

参 考 文 献

[1]刘成武, 等. 论人地关系对湖北省自然灾害的影响[J]. 水土保持研究, 2004(1)：177-181.

[2]Fischhoff, Managing Perceptions[J]. Issues in Science and Technology, 1985(2)：83-96.

[3]乌尔里希·贝克, 等. 自由与资本主义[M]. 杭州：浙江人民出版社, 2001：119-120.

[4]Maskrey A. Disaster Mitigation：a Community Based Approach[M]. Oxfam GB, 1989.

[5]Tobin G A, Montz B E. Natural Hazards：Explanation and Integration[J]. New York：The Guilford Press, 1997.

[6]Okada Urban Diagnosis and Integrated Disaster Risk Management[A]. Proceedings of the China-Japan EQTAP Symposium on Police and Methodology for Urban Earthquake Disaster Management[C]. November 2003, Xianmen, China.

[7]Burton I, Kates R W, White G F. The Environment as Hazard[M]. New York：The Guilford Press, 1978.

[8]Coburn A W, Spence R J S, Pomonis A. Vulnerability and Risk Assessment [J]. Berlin：Springer Netherlands, 2013.

[9]葛全胜, 邹铭, 郑景云. 中国自然灾害风险综合评估初步研究[M]. 北京：科学出版社, 2008.

［10］黄蕙，温家洪，司瑞洁，等，自然灾害风险评估国际计划述评Ⅰ——指标体系［J］. 灾害学，2008，2（23）：112-116.

［11］Arnold M，Chen R S，Deichmann U，et al.. Natural Disaster Hotspots Case Studies，Washington DC：Hazard Management Unit［R］. World Bank，2006：1-181.

［12］Grieving. Multi-risk Assessment of Europe's Region［M］. In Birkmann J（ed.）. Measuring Vulnerability to Hazards of National Origin. Tokyo：UNU Press，2006.

［13］Hermann C F. International Crises：Insights from Behavioral Research［M］. New York：Free Press，1972.

［14］Hernandez J Z，Serrano J M. Knowledge-based Models for Emergency Management Systems［J］. Expert Systems with Applications，2001，20（2）：173-186.

［15］许文惠，张成福. 危机状态下的政府管理［M］. 北京：中国人民大学出版社，1998.

［16］薛澜，张强，钟开斌. 危机管理——转型期中国面临的挑战［M］. 北京：清华大学出版社，2003.

［17］王静爱，史培军，等. 中国自然灾害时空格局［M］. 北京：科学出版社，2009.

［18］商彦蕊，史培军，等. 自然灾害系统脆弱性研究［M］. 西安：西安地图出版社，2004.

［19］张继权，冈田宪夫，多多纳裕一. 综合自然灾害风险管理［J］. 城市与减灾，2005，4（2）：2-5.

［20］黄崇福. 自然灾害风险评价——理论与实践［M］. 北京：科学出版社，2005.

［21］景垠娜. 自然灾害风险评估［D］. 上海：上海师范大学，2010.

［22］牟笛，陈安. 中国区域自然灾害综合风险评估［J］. 安全，2020，41（12）：23-26.

［23］李阳春，刘黔云，李潇，顾天红，张楠．基于机器学习的滑坡崩塌地质灾害气象风险预警研究［J］．中国地质灾害与防治学报，2021，32（3）：118-123.

［24］向喜琼，黄润秋．地质灾害风险评价与风险管理［J］．地质灾害与环境保护，2000(1)：38-41.

［25］黄崇福，刘新立，周国贤，等．以历史灾情资料为依据的农业自然灾害风险评估方法［J］．自然灾害学报，1998(2)：4-12.

［26］王国敏．农业自然灾害的风险管理与防范体系建设［J］．社会科学研究，2007(4)：27-31.

［27］张平．黑龙江省农业自然灾害的成因分析［J］．农机化研究，2011，33（2）：249-252.

［28］张昶，胡志全．黑龙江省农业自然灾害风险管理及其对策研究：纪念农村改革开放30周年学术研讨会暨建所50周年庆典［C］．北京，2008.

［29］杨霞，李毅．中国农业自然灾害风险管理研究——兼论农业保险的发展［J］．中南财经政法大学学报，2010，4(6)：34-37，66，143.

［30］商彦蕊．自然灾害综合研究的新进展——脆弱性研究［J］．地域研究与开发，2000，4(2)：73-77.

［31］阮鑫鑫，付小林，侯俊东，等．湖北省自然灾害社会脆弱性综合测度及时空演变特征［J］．安全与环境工程，2019，26(2)：52-61.

［32］李燕芳．自然灾害与应急管理［M］．北京：经济日报出版社，2017.

［33］唐钧．政府风险管理［M］．见《公共危机与风险治理丛书》，北京：中国人民大学出版社，2014：301.

［34］张晓瑞，王振波，方创琳．城市脆弱性的综合测度与调控［M］．见《城市世纪文库》，南京：东南大学出版社，2016：160.

［35］史培军．灾害风险科学［M］．北京：北京师范大学出版社，2016.

［36］黄玉洁．自然灾害风险模型分析［M］．北京：科学出版社，2015.

［37］曾令锋．自然灾害学基础［M］．北京：地质出版社，2015.

[38]延军平．重大自然灾害时空对称性再研究[M]．北京：科学出版社，
2015.

[39]黄崇福．自然灾害风险分析[M]．北京：北京师范大学出版社，2001.

[40]李京．自然灾害灾情评估模型与方法体系[M]．北京：科学出版社，
2012.

[41]张序．公共服务的理论与实践[M]．成都：四川大学出版社，2019.

[42]吴波鸿，张振宇，倪慧荟．中国应急管理体系70年建设及展望[J]．
科技导报，2019，37(16)：12-20.

[43]唐文雅，叶学齐，杨宝亮．湖北自然地理[M]．武汉：湖北人民出版
社，1980.

[44]施雅风．中国自然灾害灾情分析与减灾对策[M]．武汉：湖北科技出
版社，1998.

[45]杨俊，向华丽．基于HOP模型的地质灾害区域脆弱性研究——以湖
北省宜昌地区为例[J]．灾害学，2014.

[46]中华人民共和国突发事件应对法[S]．北京：法律出版社，2007.

[47]郑功成．切实贯彻实施《国家综合防灾减灾规划(2016—2020
年)》[J]．中国减灾，2017(1)：14-15.

[48]王建平．自然灾害与法律[M]．成都：四川大学出版社，2018.

[49]中国扶贫基金会．中国公众防灾意识与减灾知识基础调研报告[R]．
2015.

[50]王瓒玮．日本探索防灾减灾新思路[N]．中国社会科学报，2020-10-12
(007).

[51]胡俊锋．亚洲自然灾害管理体制机制研究[M]．北京：科学出版社，
2014.

[52]李雪峰．防范化解社会领域重大风险[M]．北京：国家行政管理出版
社，2020.